福州市规划设计研究院集团有限公司

学 术 系 列 丛 书

闽都园林

——福州传统园林
探究和保护传承

王文奎 黄晴 肖晓萍 编著

U0330298

中国建筑工业出版社

图书在版编目（CIP）数据

闽都园林：福州传统园林探究和保护传承 / 王文奎，黄晴，肖晓萍编著. -- 北京：中国建筑工业出版社，2024. 8. --（福州市规划设计研究院集团有限公司学术系列丛书）. -- ISBN 978-7-112-30132-4

Ⅰ. TU986.625.71

中国国家版本馆CIP数据核字第2024QF5228号

　　福州传统园林是闽都文化的重要组成部分，由于其特殊的地理位置和历史发展过程，既受中原文化和江南园林的深刻影响，也有着海洋文化和岭南地区的印记。近几年随着福州对古厝保护的日益重视，开展了大量文保单位、历史街区、传统村落和风景名胜的保护修复工作，为研究和保护传承福州传统园林提供了有利的契机。

　　本书结合实践项目，整理和汇编了福州传统园林的图文资料，探究了其沿革、类型、分布和造园特色，并运用在传统园林的保护、修缮和修复工程中，也在当代园林的规划建设中传承和发扬。本书可以作为了解福州地方传统园林的专业参考书，也有助于宣传"有福之州"和"闽都文化"。

责任编辑：胡永旭　唐　旭　吴　绫
文字编辑：孙　硕
书籍设计：锋尚设计
责任校对：赵　力

福州市规划设计研究院集团有限公司学术系列丛书
闽都园林——福州传统园林探究和保护传承
王文奎　黄晴　肖晓萍　编著

*

中国建筑工业出版社出版、发行（北京海淀三里河路9号）
各地新华书店、建筑书店经销
北京锋尚制版有限公司制版
北京富诚彩色印刷有限公司印刷

*

开本：889毫米×1194毫米　1/20　印张：13⅘　字数：354千字
2024年9月第一版　2024年9月第一次印刷
定价：**196.00**元
ISBN 978-7-112-30132-4
（43530）

福之青山，园入城；

福之碧水，流万家；

福之坊厝，承古韵；

福之路桥，通江海；

福之慢道，亲老幼；

福之新城，谋发展。

从快速城市化的规模扩张转变到以人民为中心、贴近生活的高质量建设、高品质生活、高颜值景观、高效率运转的新时代城市建设，是福州市十多年来持续不懈的工作。一手抓新城建设疏解老城，拓展城市与产业发展新空间；一手抓老城存量提升和城市更新高质量发展，福州正走出福城新路。

作为福州市委、市政府的城建决策智囊团和技术支撑，福州市规划设计研究院集团有限公司以福州城建为己任，贴身服务，多专业协同共进，以勘测为基础，以规划为引领，建筑、市政、园林、环境工程、文物保护多专业协同并举，全面参与完成了福州新区滨海新城规划建设、城区环境综合整治、生态公园、福道系统、水环境综合治理、完整社区和背街小巷景观提升、治堵工程等一系列重大攻坚项目的规划设计工作，胜利完成了海绵城市、城市双修、黑臭水体治理、城市体检、历史建筑保护、闽江流域生态保护修复、滨海生态体系建设等一系列国家级试点工作，得到有关部委和专家的肯定。

"七溜八溜不离福州"，在福州可溜园，可溜河湖，可溜坊巷，可溜古厝，可溜步道，可溜海滨，这才可不离福州，才是以民为心；加之中国宜居城市、中国森林城市、中国历史文化名城、中国十大美好城市、中国活力之城、国家级福州新区等一系列城市荣誉和称谓，再次彰显出有福之州、幸福之城的特质，这或许就是福州打造现代化国际城市的根本。

福州市规划设计研究院集团有限公司甄选总结了近年来在福州城市高质量发展方面的若干重大规划设计实践及研究成果，而得有成若干拙著：

凝聚而成福州名城古厝保护实践的《古厝重生》、福州古建筑修缮技法的《古厝修缮》和闽都古建遗徽的《如翚斯飞》来展示福之坊厝；

凝聚而成福州传统园林造园艺术及保护的《闽都园林》和晋安公园规划设计实践的《城园同构　蓝绿交织》来展示福之园林；

凝聚而成福州市水系综合治理探索实践的《海纳百川　水润闽都》来展示福之碧水；

凝聚而成福州城市立交发展与实践的《榕城立交》来展示福之路桥；

凝聚而成福州山水历史文化名城慢行生活的《山水慢行　有福之道》来展示福之慢道；

凝聚而成福州滨海新城全生命周期规划设计实践的《向海而生　幸福之城》来展示福之新城。

幸以此系列丛书致敬福州城市发展的新时代！本丛书得以出版，衷心感谢福州市委、市政府、福州新区管委会和相关部门的大力支持，感谢业主单位、合作单位的共同努力，感谢广大专家、市民、各界朋友的关心信任，更感谢全体员工的辛勤付出。希望本系列丛书能起到抛砖引玉的作用，得到城市规划、建设、研究和管理者的关注与反馈，也希望我们的工作能使这座城市更美丽，生活更美好！

福州市规划设计研究院集团有限公司

党委书记、董事长

高学珑

2023年3月

福州，亦称榕城、八闽首府，古称"闽都"，有2200余年建城史。它起于秦汉闽越国的汉冶城，在汉武帝灭闽越后熄续近三百年，复燃于两晋南北朝时，中原汉人避乱陆续迁入。福州始兴于唐，闽王割据定都于此，砌城池、建坊巷、兴寺观、筑园林（西湖水晶宫），开启了闽都千年变迁。宋元时期理学兴盛，福州成东南繁盛之邦，城池兴旺，尤以书院显著于天下。而明清以降，比起京师和江南发达地区，其社会经济和文化略有落后，园林的规模、精致程度、艺术造诣上稍显逊色，但有自己的特色。福州派江吻海，山水形胜、文化底蕴深厚，在承续中原文化和江南园林特色的基础上，融入了海洋文化和中西方交融的印记，又有南亚热带岭南地区园林的一些特征，成为中国传统园林中具有过渡性特征的地方园林，且类型齐全、数量众多。

福州的传统私家园林"宅园一体"，多属文人园林，以坊巷之中最为典型。其规模虽小，但是造园的各要素如山、水、花木、建筑、桥梁等一样不少，有"方寸山水园"之称，以示更精小于江南的"咫尺山水园林"。且皆善借外景，方寸之中也必借假山石阶为登楼台之径，每至石阶高处，借看园外封火山墙组成万顷碧波的坊巷风貌，与三山两塔一楼共同构成了闽都特色的风景，独一无二。此外，造园材料和手法也有鲜明的地方特色，兼有南国和江南的花木，山石尤为独特，多为海礁石，鲜有湖石等外地材料；山不大，但峰、谷、壑、洞、石阶等一样不少，更巧以陶罐条石充塞以求山体轻巧灵动，且常以泥塑远山以示千壑，以假山雪洞以连鱼沼厅堂，极尽巧工，更多有诗词楹联，摩崖题刻，于方寸之间，文韵深远，都是福州传统私家园林的特点。

福州还是一个典型的山水城市。山中有城、城中有山、百川入廓、两江穿城。独特的山水环境，为古代福州营造公共园林提供了极好的条件。最早可以追溯至汉无诸的桑溪宴集，九日台宴请乡里等，后又有东门乐游、茅屋三椽等风景营造。古城三山是城中最重要的风景名胜和公共园林，留下了大量摩崖石刻与景点景致。而球场山亭记，更描绘了冶山一带唐代就有的公共园林。

福州又是个重要的南国佛都。唐闽王始，即建有大量的寺观园林，西禅古荔等实物为证，保留至今。福建曾几何时，是全国的理学中心，书院之始兴于闽。直至今日，福州有过大量的学宫书院及其园林。明清之时，商贸繁盛，福州还是外番来朝居留之地，造就了不少的会馆、驿馆及其园林。时至开埠之后，更是由于船政兴起及茶叶贸易，福州成为中西方商贸、宗教、科技和文化交流的重地。教会、学校、使领馆，甚至小型的西式植物园，都给福州的传统园林带来了西风东渐的融合机会。

福州的这些传统园林，有的毁于当年的战乱，有的年久失修，也有在城市化过程中隐入历史的烟尘，鲜有完整成规模的留存。虽有文史和园林专家做了大量文献考证和研究工作，但是未能有机会开展系统的发掘和保护修复。相比于我国的江南园林、北方园林和岭南园林，福州地方传统园林的研究起步比较晚，系统地发掘、测绘和造园艺术研究也相对较少。但是传统园林的保护修复活动还是断断续续存在的，如西湖公园1985年修复桂斋、重建古堞斜阳、金鳞小苑等。1992年福州市规划设计研究院负责了友好城市日本那霸市的福州园设计，这是当代福州传统园林走向世界，展示自身形象的重要事件。

2006年三坊七巷历史街区开始了全面的保护和修复，水榭戏台、小黄楼、二梅书屋、林聪彝故居等一大批国宝单位和私家园林得以保护和修缮，这为我们系统性地开展福州传统园林研究提供了契机。结合这些实践，通过现场发掘、遗物考证、文献查阅、居民采访、工匠参与等多种方式，同步开展福州私家园林造园艺术的研究，为园林的修复提供依据。2008年镇海楼的落成，开启了福州古城格局修复的探索。特别是近几年，上下杭、朱紫坊、烟台山、鼓岭等历史街区，以及乌山、于山、屏山、烟台山、冶山等古城山体全面得到保护、修缮和整饬提升。在这个过程中，设计师以敬畏之心探究每一处古迹，以窥考的态度对待每一处园林，以研究的方法阅读相关文献，用脚步丈量的方法参与每一处传统园林的修复和营造过程中，实现"让园林找到源，让城市找到魂，让市民找到根"。本书也借由这样的过程，收集、整理和研究福州传统园林的历史变迁，寻找其造园的艺术特色和方法，不仅指导项目的开展，更让我们逐渐累积起福州传统园林发展过程的一手资料，渐渐梳理出这座2200余年闽都古城中传统园林的发展脉络，并不断地指导在新建项目中传承我们的传统园林艺术。

与此同时，这几年福州市开展了一系列生态休闲空间的建设，推动了全市范围的水系综合治理，建设了1000千米以上的山地、滨水、街巷和路侧的福道，1000多个水边、山边、路边的串珠公园，感受到了整个社会对发扬闽都传统文化、寻找城市风貌特色的强烈愿望，这也进一步促使我们加紧整理和研究福州传统园林。我们发现福州这座山水城市和2200余年的历史文化名城，虽然不大，也偏于东南一隅，但其传统园林的发展脉络非常完整，且类型丰富多样，并逐渐形成了自己的一些地方特色。书中暂先引用福州地方文史专家多用的"闽都"来指代福州的传统园林，也是为福州的闽都文化研究添砖加瓦。

本书通过文献查阅、实地勘测，结合传统园林的保护、修缮和修复工程，整理汇编了相关图文资料，探究了福州传统园林造园艺术的特色，既是对我国地方传统园林的一个补充，同时也宣传展示了福州这座"有福之州"的城市特色和人文资源。全书的第一章和第二章，阐述福州传统园林的发展背景和类型分布，第三至第七章分别是私家园林、公共园林、寺观园林及其他类型传统园林、西风东渐及近现代园林的研究、典型实例及其保护和修复工作；第八章是探讨了在当代城市化发展的阶段，如何传承福州传统园林的特色，结合近三十年的园林规划设计代表案例，体现"鉴古知今、承前启后"的思考，即"在研究中保护、在保护中传承、在传承中发展"。

目录

第一章

福州传统园林的发展背景

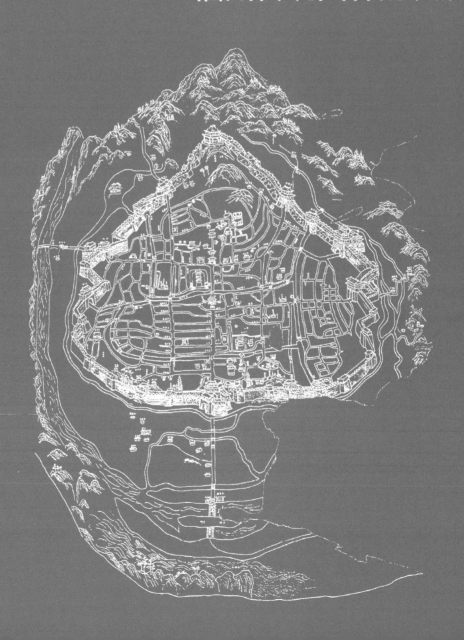

　　园林，是在一定的地域运用工程技术和艺术手段，通过改造地形（或进一步筑山、叠石、理水）、种植花草树木、营造建筑和布置园路等途径创作而成的美的自然环境和游憩境域[①]。一个地方的传统园林，集当地的地理气候、山水形胜、地域植被、社会经济、思想文化、建筑技艺、材料物件等诸多因素影响于一身。园林既有历史发展传承下来的基因，又受横向不同地域的影响和渗透，近有相邻地区，远有贸易和文化往来所辐射到的全球网络。多要素的综合影响，造就了一个地方独特的传统园林。

　　福州，地处中国东南一隅，西北多山，东南濒海，亦称榕城，福建省会，八闽首府，有2200余年建城史，也有"闽都"之称。地理上它介于江南和岭南之间，气候属于中亚热带与南亚热带的交界地带，因独特的地理位置和历史发展演变过程，融合了古闽文化、越文化、中原文化和海洋文化，形成了具有地方特色的闽都文化。福州的传统园林就是在这样一个特殊的地理环境和历史长河中，逐渐形成了自己的特点。

第一节　福州的自然环境

一、福州的山

　　福州城多山，拥有"城在山中、山在城中"的独特风貌（图1-1-1）。福州古城中以屏山、于山、乌山三山鼎峙，最为醒目，其中乌山、于山"东西峙作双阙（图1-1-2）"[②]。公元前202年，汉代无诸于屏山南麓的冶山筑冶城，地势高燥，又得水之便利，当时于、乌二山尚为海中两岛；之后陆进海退，至唐末王审知建罗城后又扩建南北夹城，北至屏山，南将乌山和于山整个揽入城中，三山鼎峙，福州自此有"三山"别称。古时三山互为对景，三山之上不仅可俯瞰福州全城，更能各自远眺标志胜景。城内诸山自古还有"三山藏，三山现，三山看不见"之称（图1-1-3）。见者曰："越王山（屏山）、九仙山（于山）、乌石山（乌山）鼎峙山中，三者最巨，故称三山"[③]。除了乌山、于山、屏山很是显现之外，对于藏与不见之山，还有不同的说法。明代何乔远于《闽书》中认为：冶山、闽山、罗山为藏山，芝山、灵山和钟山为不可见之山[④]。而清代林枫于《榕城考古略》中所述"其藏与

① 汪菊渊. 中国大百科全书——建筑、园林、城市规划［M］. 北京：中国大百科全书出版社，1988.
② 王世懋. 闽部疏（全）［M］. 台北：成文出版社有限公司，1975.
③ 林枫. 榕城考古略［M］. 福州：福州市文物管理委员会，1980.
④ 何乔远. 闽书［M］. 福州：福建省人民出版社，1994.

不可见，尚无定论"。[①]

古城外诸山，既有盆地外围的耸峙环绕低山，也有盆地内城外的低山。

低山包括鼓山、旗山、五虎山等，高约千米。宋梁克家《淳熙三山志》记载："极目四远，皆巍峦杰嶂，环布缭绕，峻接云汉。居人过客，莫辨向背。回顾莲峰，凸锐捷出。面直方山，突兀正立。左瞻石鼓，如憩如植，镇塞不动。右觑双髻，若赴若骤，追跳相蹑，以为险峻，四面尽此矣[②]。"这些山构成了福州城的衬景，连绵不断的山峦成为城市的背景，视线上的"山—城"融合，突出了福州"城在山中"的布局特点[③]。

丘陵零星分布在福州盆地内，例如高盖山、大梦山、金鸡山等。有的山峦彼此相连，为一山的不同山峰，但有多个名字，如南台山内就有惠泽山、钓龙山、大庙山等多个名字。丘陵之中，属高盖山海拔最高，约202米，有"三峰九岛"，蔚为壮观；有些丘陵本就是风景名胜，亦是福州城风景营建的重要对象，如大梦山位于福州城迎仙门、迎仙桥西北，山中水源与西湖连通，"周回二里"，耸峙湖边，登顶可凭眺西湖全景[④]。"苍秀可爱而多奇石"，明代万历年间，郡守江铎镌"廉山"二字于岩石，亦呼廉山。山上多数是百年的老松，西湖八景中更有"大梦松声"一景，于大梦山观澜听松，"虬枝铁干，黛色藓皮，排翠崇冈，蟠青层蹬。轻飔徐拂，远近闻声"，八方松涛，松声拂耳，使人心旷神怡。

近半个多世纪，随着城市化的推进，"山—城"之间的关系已经发生了巨大的变化。盆地外围的低山，"左旗右鼓、北莲花南五虎"，尚构成环绕之势，但是盆地中丘陵已成为城中之山。在300多平方千米的中心城区中分布了58座山体，另外还有一些如南禅山、龙岭顶、燕山、铁头山等十多处低矮山丘隐没于楼宇之中、街巷之间、村落之边。这些丘陵或与外围的山体相连，成楔状深入城市，如金鸡山、罗汉山、天马山；或为独立山丘散落于城市之中，宛若城中的山林岛屿，如高盖山、城门山、清凉山、金牛山等，实可谓"山在城中"（图1-1-4）。

二、福州的水

福州是典型的河口盆地，水网密布，水资源丰富。古代福州城东、西、南三面环水，"内河外江、潮汐互通"。穿城而过的闽江是福建省最大的河流，经福州分南北两港再汇入东海，城内则分布众多的内河、湖泊。

① 林枫. 榕城考古略［M］. 福州：福州市文物管理委员会，1980.
② 梁克家. 淳熙三山志［M］. 福州：海风出版社，2000.
③ 庄子莹，钱云. 福州古代"山水城市"营造手法研究［J］. 工业建筑，2018，48（12）：60-63；135.
④ 张雪葳. 福州山水风景体系研究［D］. 北京：北京林业大学，2018.

图1-1-1 福州城市的山水环境
（图片来源：王曲荷 绘）

图1-1-2 福州古城的两山两塔对峙影像
（图片来源：福州古厝）

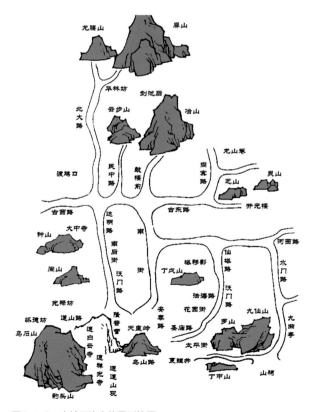

图1-1-3 古城区诸山位置形势图
（图片来源：游嘉铭改绘自《福州市城乡建设志》）

图1-1-4　福州市山城交融的格局（福山看金牛山和鼓山）
（图片来源：王文奎 摄）

母亲河闽江发源于闽赣边界的武夷山脉，自西北向东南贯穿福州，流经福州各个区域（图1-1-5）。明董应举《崇相集》将江流大势归纳为"省城水自上府而下，分为南、北二港，汇而束于闽安镇。闽安镇东出为五虎门，双龟绾之。"闽江至洪塘部分，称"洪江、洪塘江、洪山江"；流经南台受南台岛分隔，形成南北二港，南港称"乌龙江、东西峡江"，北港因靠近城南越王钓龙台故称"钓龙江、白龙江、南台江"；流至闽安镇（今马尾区）罗星塔部分称为"马江"，江面甚广，因江中有石如马头故名，马江东出则为入海口。南港、北港、马江交会口则合称"三江口"。

由于闽江江潮、诸山地形以及历代的城市变迁，福州城内内河水系也十分丰富。《榕城考古略》载："城内之河，萦回缭绕，与大江潮汐通，皆唐宋以来旧城濠故迹也"。丰富的水源也为风景营造带来了源源不断的活水，譬如西湖、三捷河、打铁港、安泰河、三坊七巷衣锦坊（旧为通潮巷）、水流湾等，皆是通过对闽江所形成的水系重点经营形成，凸显了福州山水城市建设中人工与自然相辅相成的关系。

福州古城历经六次扩城，逐渐将诸多河流纳入城中。时至今日，福州城已是派江吻海，扩建至外围诸山脚下，滨海新城更是向海而兴。中心城区闽江、乌龙江穿城而过，百多条内河与城市山水相依，呈现出丰富多样的水系特征。根据地貌和水动力学特征的河流分类方法，福州城市范围内包含了潮汐河流、平原河流和山区河流三大基本类型，在水位变化、流速、平面格局、断面构成、生境异质性和生物多样性等方面均有不同的特征[1]。而这样丰富

---

[1]　王文奎. 福州城市河流的多样性及其近自然化景观策略［J］. 中国园林，2016，32（10）：54-59.

图1-1-5　闽江于淮安头一分为二穿城而过
（图片来源：廖晶毅 摄）

的水，除了造就福州坊巷之间的私家园林之外，也有了丰富的滨水公共园林、风景名胜，有了水边各式各样的古桥、埠头、庙宇、古树等，成就了这座以水而兴的古城风景记忆。

　　另外，福州还有一种特殊的水——温泉。据传在晋太康年间，于东门外开凿人工运河时，民工发现涌出的温泉水，遂用石头筑起池子，供洗浴使用。北宋时期，福州城内即有官汤和民汤之分。在之后的1000多年里，温泉融入了福州城的生活和文化之中，也形成了以温泉为特点的一些公共或私密的温泉游憩空间，如茅屋三椽、古三座等。如今，福州也因此成为中国的温泉之都。

三、福州的植被

　　福州地处南亚热带与中亚热带的过渡地带，复杂的地形地貌与气候条件形成了多种多样的生态环境，为造就生物多样性提供了有利条件。福州乃至福建省森林覆盖率高，历代就是全国木材的主要产地。在植被区划上，本市横跨中国东部湿润森林区域中的两个植被带，即南亚热带季风常绿阔叶林植被带和中亚热带常绿阔叶林植被带，地带性典型植被为偏湿性的季风常绿阔叶林，植物种类组成上以壳斗科，樟科的热带性属、种，以及金缕梅科、山茶科的种类为优势种，林下植物也以热带科、属种类组成。据统计，目前福州共有12个植被型、20个群系纲、136个群系；植物区系中共有维管束植物183科、690属、1461种，其中蕨类34科、63属、135种，裸子植物10科、31属、62种，被子植物139科、596属、1264种。其中属国家保护珍稀濒危植物有37种，园林上常用的栽培植物品种约为350种。其中，榕树为福州的市树，茉莉花为福州的市花。

福州由于夏长冬短，霜冻少，雨水充足，土质肥沃，非常适宜花木的生长。宋代福州知府曾巩就在道山亭记中云："麓多杰木，而匠多良能。人以屋室巨丽相矜，虽下贫必丰其居。"[①]而且由于地处中亚热带和南亚热带的过渡地带，植被呈现了丰富的多样性，既有江南一带的梅兰竹菊、春花秋叶，也有岭南的花果飘香、四季榕荫。丰富的植物资源，为福州传统园林的发展奠定了优越的物质基础，也形成了福州传统园林的植物风貌特色。

历史上，福州还是我国较早开展植物引种栽培的地区之一。茉莉花原产印度，很早就在福州广泛种植，并因与茶叶一起制成茉莉花茶行销全世界而知名。明代福州人陈振龙冒死将番薯从菲律宾带回福州，广泛种植，解决当时的饥荒，也促进了当时的人口发展，人们为纪念陈振龙引种番薯救百姓之饥荒，特地在乌山立"先薯亭"。开埠之后，烟台山曾是各国使领馆、银行、商行和教会聚集之地，也在国内较早引种了大量园林植物。建于1891年的禅臣花园曾收集引种了世界各地的观赏植物，其中被誉为"中国树王"的有9株，即当时国内最早引种、体量最大的树种，如中国澳洲栗豆树王、中国大叶南洋杉王、中国落羽杉王、中国加纳利海枣王，等等。可惜2000年前后，由于各种原因很多"树王"已经消失，仅仅尚存中国异叶南洋杉王等少量几株，但是这些"树王"的引种成功，也说明了福州独特的地理气候条件，具有观赏植物多样性的良好基础。

第二节　福州的历史沿革

先秦时代，福建和岭南地区在地理区位上被视为"蛮荒之地"，远离中原政治文化中心，属于百越文化范畴。福建地区的闽越文化开始于战国晚期，兴盛于秦末至西汉中期，自东汉初年衰落，并与中原文化相互融合；相较于岭南地区来说，福建地区汉越文化的统一稍显缓慢。[②]

福建历史上第一位有文字记载的统治者为闽越王无诸，系越王勾践之后，被称为"开闽第一君王"。秦时在闽越故地设立闽中郡，无诸为君长。汉高祖五年（公元前202年）无诸因佐汉灭秦有功，被封为闽越王，于福州冶山筑闽都冶城。至汉元封元年（公元前110

① 郭柏苍，刘永松. 乌石山志 [M]. 福州：海风出版社，2001.
② 林忠干. 从考古发现看秦汉闽越族文化的历史特点 [J]. 东南文化，1987（2）：33-38；32.

年），由于无诸后代余善反汉，导致被"灭国迁众"，福建由此停滞发展五百多年。[1]

西晋时期"衣冠南渡，八姓入闽"，大批世家贵族来到福州避乱，带来中原的先进文化，也带来了烧灰、砖瓦等传承至今的建筑技艺。隋唐大部分时期，社会相对稳定，行政建制也不断完善，福州迎来了全面发展的时期。唐开元十三年（725年）因"州北有福山"，始称"福州"，并正式作为官方的地名。唐末五代时期，中原地区动荡，福州地处东南边陲，偏安一隅，经济迅速发展，为王闽政权奠定了雄厚的物质基础。

两宋时期政治经济中心南移，海上贸易迅速崛起。宋代福建理学兴盛发达，以朱熹为代表的一批学者，引领了中国文化中心的南移。福建从昔日的闽越蛮荒之地，变为"东南全盛之邦"，福州则进入发展的黄金时期。中原移民的迁入、海上商贸的繁荣、统治者的重视、闽学的影响，使得福州士人文化进一步发展。南宋宋帝南逃，改福州为福安府，作为首都，并曾短暂躲避于福州郊区林浦，以原平山阁为行宫。

明清两代，福州在经济、社会、文化方面已经落后于商品经济发达的江南地区。但由于福州地处东南沿海，是少有的具有海外贸易的地区，对外有着一定的文化影响力，如琉球与中国的朝贡贸易多在福州进行。福州的海外贸易主要受到官方朝贡贸易、民间贸易两种模式的影响。明初东南沿海地区倭寇侵扰不断，政府实行"海禁"政策，规定"片板不许入海"。但实施"海禁"的同时，允许将朝贡贸易作为海外贸易的唯一形式。明代郑和七下西洋，促进了朝贡贸易政策的繁荣，船队每次皆经过福州，都在闽江口和长乐吴航港一带停泊，间接推动了福州港的发展。明成化八年（1472年）福建市舶司从泉州移至福州，福州港取代泉州港成为全国唯一的琉球贸易口岸。[2]清初承明制，实行迁界禁海政策，但官方的闭关政策与民间的私下贸易始终并行，在此背景下，清政府先后设立闽海关在内的四大海关（其余为粤海关、浙海关、江海关）。由于清政府"海防重于通商"的思想，闽海关的设立并未带来福建经济社会的兴盛，相反福建的对外贸易仍存在诸多限制[3]，社会发展开始跟不上京师和江南的脚步。这也体现在了福州传统园林发展中，逐渐形成与江南一带既有联系，又有显著差别的造园特点，尤其是私家园林中表现尤为明显。

近代开埠及洋务运动、船政文化，使福州又走在了时代的前列。多元文化的融合并存更加明显，深刻地影响了城市的发展。鸦片战争后，福州被辟为五口通商口岸之一。烟台山、泛船浦一带成为外国人居留地，是近代洋行聚集区和早期海关所在地，分布有外国领事馆、教堂、教会学校、医院、外国人住宅。洋务运动后，清政府在福州设立马尾造船厂，为当时

① 福建省文史馆整理. 欧潭生考古丛谈 [M]. 福州：海风出版社，2008.
② 崔来廷. 明代大闽江口区域海洋发展探析 [J]. 中国社会经济史研究，2005（1）：60-66.
③ 仲伟民，池翔. 王土与边城：五口通商前后福州城在清廷视野中的演变 [J]. 福建师范大学学报（哲学社会科学版），
2015（1）：103-109；169-170.

全国规模最大的近代造船基地。开埠带来的西风东渐，虽不及岭南的明显，但也使福州成为传统园林发展中受到海洋文化和西方文化影响显著的区域。

第三节　福州的古城变迁

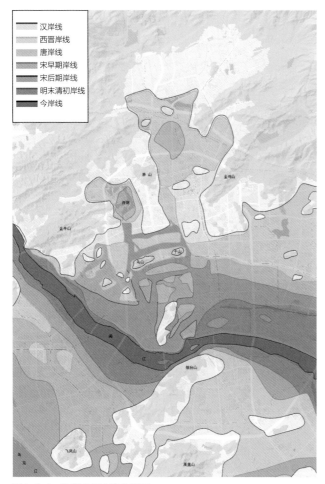

图1-3-1　福州市区水陆变迁图
（图片来源：方雄斌 改绘，底图来源：卢美松. 福建省历史地图集[M]. 福州：福建省地图出版社，2004.）

在2200余年历史中，福州由海湾逐渐转化为平原。在岸线不断南移（图1-3-1）、城市范围扩张的过程中，古人营建城垣（图1-3-2、图1-3-3），修筑农田水利设施，结合山水特色进行建筑营建，拉近了山水与城市的联系，促进了城市山水环境的风景化。

海侵时期，福州平原被大海淹没，是一个面积较大的海湾。汉代闽越王无诸选址于冶山西北、屏山以南，结合西北山势，建立冶城，城池地形高燥，滨海临江得水之便利，是福州城市发展的开端。[①]冶城外、南台江边的大庙山越王台则为无诸受封处。汉冶城的选址体现了"临山适水"的特点，同一时期诸如南越国都番禺（珠江口，今广州）、于越都城山阴（钱塘江、今绍兴）等东南地区亦将城市选址于大江大河入海口，体现了人居环境营建的共同规律。[②]

汉代以后，福州平原北部浅海地带受泥沙淤积和海退影响，沙洲和沼泽的面积增大。西晋时期，平原内的不少土地已被开垦，太守严高在屏山东西两侧的潟湖端部修建堰坝，引东北、西北诸山之水，筑成东湖（今不存）、西湖灌溉农田，由此确立了东西二湖与福州共生的"城湖关系"。这一时期，商业集市、手工作坊等多依靠河流网络形成，

---

① 郭巍，侯晓蕾. 双城、三山和河网——福州山水形势与传统城市结构分析[J]. 风景园林，2017，（5）：94-100.
② 李奕成，兰思仁，汪耀龙. 论冶城人居环境与水[J]. 福建论坛（人文社会科学版），2017，（6）：154-161.

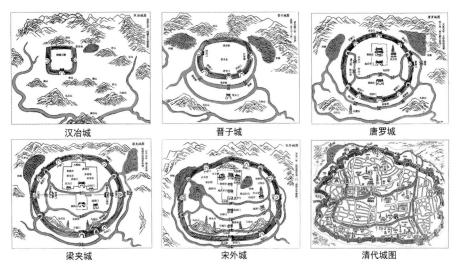

图1-3-2　福州城池变迁图
（图片来源：王应山. 福建省地方志编纂委员会整理. 闽都记（新校注本）[M]. 北京：方志出版社，2002.）

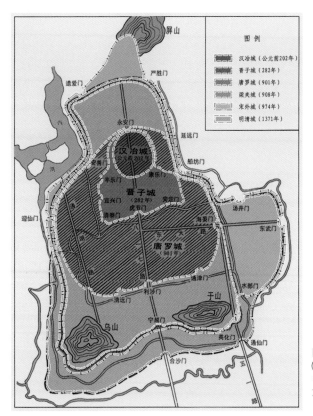

图1-3-3　福州古代城垣变迁示意图
（图片来源：福州市地方志编纂委员会. 中华人民共和国地方志 福建省 福州市志 第二册 [M]. 北京：方志出版社，1998.）

福州山水城市已初具雏形。

唐代通过修筑海堤和围垦，福州平原岸线继续南移，都城南侧逐渐成陆，西南筑成南湖，与西湖水贯通，灌溉周围农田[1]。五代时期闽王王审知扩建罗城，旧城外的护城河转变为内河河道，数年后又建夹城，将屏山、乌山、于山三个制高点围入城中，福州自此有"三山"之称。乌山、于山上分别建有乌塔、白塔，奠定了"三山两塔"的城市格局。而起源于晋代的三坊七巷，其坊巷格局成于唐五代，至今保留完整，是中国都市仅存的一块"里坊制度的活化石"。

宋代福州人口快速增加，平原围垦速度加快，《淳熙三山志》载："兴修填土，惟福州为多"，陆地面积不断扩大。宋外城在梁夹城的基础上南扩，于山、乌山四面环水，故有"前际海门，回览城市，宜比道家蓬莱山"的说法。宋熙宁年间（1068～1077年），太守程师孟在子城旧址上修复太平兴国三年（978年）废毁的城垣，在城上建九座楼阁，分别是蕃宣楼、西湖楼、五云楼、三山楼、清徽楼、泰山楼、堆玉楼、缓带楼、坐云楼，南宋咸淳年间（1265～1274年）又于外城加以增筑。元代，统治者下令废毁福州城墙。[2]这一个时期，随着江洲的淤积，南台地区开始不断成陆，码头商户增多，经济职能开始向南发展。宋元祐八年（1093年），太守王祖道建南北浮桥横跨闽江；元初，改建为木桥，取名江南桥；元大德七年（1303年），改木桥为平梁石桥，于1322年建成，称为万寿桥。

明洪武四年（1371年）在夹城、外城的基础上重建城垣，在屏山巅修建"样楼"，因楼中可望大海，又名镇海楼。明清时期福州平原依旧南进开拓，南台岛日益扩大。福州原城格局基本没有改变，城墙北跨屏山，南绕乌石山、九仙山，东至东大路晋安桥西，西至鼓西路西门兜。[3]

由于岸线变迁南移，明代福州的商贸区逐步发展到闽江北岸的上下杭，至清代发展到闽江南岸的仓山沿线地区。福州古城与南台地区形成哑铃状格局，城北为政治文教中心，城南为商贸中心，万寿桥横跨闽江两岸，成为福州南下的交通要道（图1-3-4）。清潘思榘在《江南桥记》里写道："南台为福之贾区，鱼盐百货之薮，万室若栉，人烟浩穰，赤马余皇，估艑商舶，鱼蟹之艇，交维于其下……"，南台江景一时间风光无限。南台河口地区还是朝贡贸易的集中商贸区，福州市舶司在此设立了附属机构柔远驿，"驿设于福建省城水关外琼河之口，所以储贡物、停使节也"。[4]

---

① 郭巍，侯晓蕾. 双城、三山和河网——福州山水形势与传统城市结构分析 [J]. 风景园林，2017，（5）：94-100.
② 福州市地方志编纂委员会. 福州市志 第二册 [M]. 北京：方志出版社，1998.
③ 黄展岳. 冶城历史与福州城市考古论文选 [M]. 福州：海风出版社，1999.
④ 王振忠. 清代琉球人眼中福州城市的社会生活——以现存的琉球官话课本为中心 [J]. 中华文史论丛，2009（4）：41-111；394.

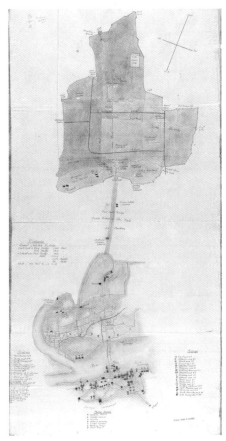

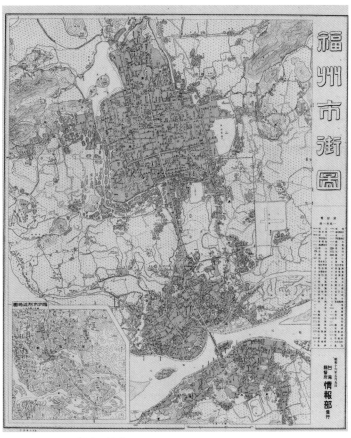

图1-3-4　福州1850年哑铃状的城市布局图
（图片来源：澳大利亚国家图书馆藏）

图1-3-5　民国时期福州市街图
（图片来源：福建省图书馆藏）

　　近代福州作为重要的港口和五口通商的城市之一，城市空间也呈现"跨江"和"东拓"的趋势，形成了福州古城和南台、仓前山区、马尾片区三个功能组团①。其中福州古城和南台片区依旧是传统的政治和商业区域；仓前山区是福州古城传统中轴线序列组织的结尾（图1-3-5），但是近代以来多是洋人领事馆、教堂、学校、医院和住宅的主要分布地，有"万国建筑博览会"美誉，也出现了西式风貌的园林，包括早期的植物园雏形——禅臣花园；马尾片区则是重要的海防和造船基地，有当时远东地区最大的船坞，是中国近代工业的摇篮之一，在选址上结合罗星山建设了海上航标罗星塔，有"万舶识门庭"之称，是福州成为通商口岸以后外国船只进入福州的第一印象（图1-3-6）。

---

① 张雪葳，王向荣. 福州山水风景体系研究［M］. 北京：中国建筑工业出版社，2022.

图1-3-6 罗星塔旧影1890年左右
（图片来源：张雪葳，王向荣. 福州山水风景体系研究［M］. 北京：中国建筑工业出版社，2022）

第四节 福州城的山水格局

福州得天独厚的自然山水条件，宛如一个天然的山水园林，而且在两千多年的城市变迁中，始终遵循和强化了中国古代风水堪舆中理想城市选址的模式，造就了福州典型的山水城市格局，可以说福州古城的发展是中国古代理想城址选择的范式之一（图1-4-1）。

宋代《舆地纪胜》对福州的山水形胜描述道："闽城吻海而派江，辅山以居，无安沼平池游舟娱乐之地"。明代王世懋在《闽部疏》评价福州形胜："天下堪舆，易辨者莫如福州府……登道山（乌石山）以望，则大小二水，历历在目。大江从西南蛇行方山（五虎山）下，南台江稍近城而行。大江复从南稍折而东北，南台江水合之，汪洋弥漫，东下长乐入海，其山川明秀如此"。明王应山也在《闽都记》中概括福州的山水："三峰（乌山、于山、屏山）峙于域中，二绝（左旗右鼓）标于户外，甘果方几（五虎山），莲花（北莲花峰）现瑞。襟江带湖、东南并海。二潮吞吐，百河灌溢"。民国郑振铎《西湖志》云："介山海之间，控岛隅之地，冈峦自西北蜿蜒而来，潮汐自东南澎湃而至。"福州城如此的山水形胜，造就了城市独特的空间格局和重要景观形象，这在全国城市中也是少有的。吴良镛先生根据一幅1871年的福州清代古城地图（图1-4-2），分析了古福州城布局的特色，其对山的利用、对水面的利用、重点建筑群的点缀、城墙城楼、城市中轴线、坊巷、满城的

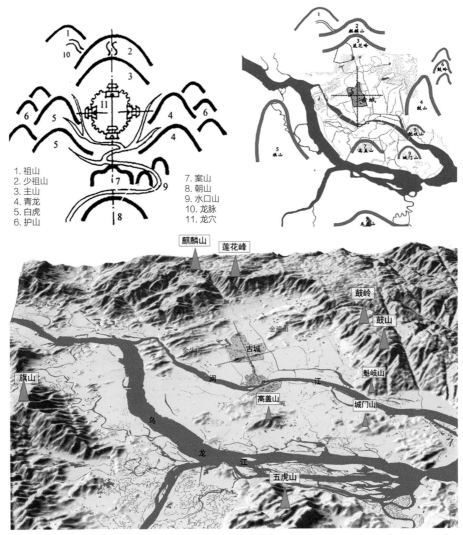

1. 祖山
2. 少祖山
3. 主山
4. 青龙
5. 白虎
6. 护山

7. 案山
8. 朝山
9. 水口山
10. 龙脉
11. 龙穴

图1-4-1　中国理想城市选址模式及福州古城的选址示意图
（图片来源：方雄斌 根据文献绘制）

榕荫，以及近郊的风景名胜，形成了绝妙的城市设计创造，古福州城堪称是"东方城市设计的佳例"，是"没有城市设计者的城市设计"①。这从清康熙年间的福州城图中就清晰可见（图1-4-3）。

————————————

① 吴良镛. 寻找失去的东方城市设计传统——从一幅古地图所展示的中国城市设计艺术谈起 [J]. 建筑史论文集，2000，12（1）：1-6；228.

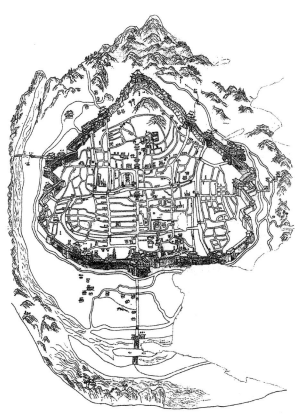

图1-4-2 清代福州图（嘉庆二十二年，1817年）
（图片来源：吴良镛. 寻找失去的东方城市设计传统——从一幅古地图所展示的中国城市设计艺术谈起 [J]. 建筑史论文集，2000，12（1）：1-6，228.）

图1-4-3 清康熙时期福州城及其山水景致
（图片来源：荷兰阿姆斯特丹国立博物馆藏《福州城图》）

　　福州如此的山水格局与自然环境，为传统园林的营造也提供了深厚的沃土。关于闽地山水与园林的关系，陈从周在《说园》就曾说："余观游闽山，秃峰少木，石形外露古根盘曲，而山势山貌毕露，分明能辨何家山水，何派皴法，能于实物中悟画法，可以画法来证实物。而闽溪水险，矶漱激湍，凡此琐琐，皆叠山极好之祖本"①。随着城市化的发展，时至今日，福州中心城已经扩展至300多平方千米，总体上形成了"外四山、中三山、小三山，以及两江穿郭、百川入城"的山水空间布局。但是不论如何变化，其山水城市的空间结构依旧清晰，山水环境也更加丰富多样。正是如此典型的山水城市格局，多山多水的自然特征，兼具山、丘、溪、湖、江、河等要素的多样景致，以及丰富的动植物资源，为福州传统园林的建设提供了优越的物质基础（图1-4-4、图1-4-5）。

① 陈从周. 陈从周说园：插图珍藏版［M］. 武汉：长江文艺出版社，2020.

图1-4-4　福州市中心城区山体分布和水
系图
（底图来源：方雄斌 绘）

图1-4-5　五虎山顶北望福州全城
（图片来源：王文奎 摄）

第二章

福州传统园林的沿革与类型分布

第一节　福州传统园林的沿革

　　福州位于闽越故地，因特殊的地理环境，形成与中原地区不同的文化习俗，以舟为楫、以海为田。汉末、晋末、唐末等时期的中原战乱使得汉族人民南迁入闽、定居福州，促进了文化交流，带来了中原文明和先进的生产力，也影响到建筑秩序制度及住宅园林中对自然意境的追求。[①]明清及开埠以来，福州作为东南沿海城市，开风气之先，海洋文化的开放性特质成就了福州"海纳百川、有容乃大"的城市精神，发展出"兼容并蓄"的独特姿态，在近代建筑和园林中广泛吸收西方元素，古为今用、洋为中用。从政治、经济、社会和文化等方面回溯福州园林历史，可以发现偏安一隅的历史环境、东南沿海的经济繁荣，以及融合了古闽文化、越文化、中原文化和海洋文化的闽都多元文化，共同孕育了历史悠久、具有地方特色的福州传统园林。

一、秦汉时期

　　福州早期的古典园林活动可追溯至秦汉时期，是福州传统园林的萌芽期。汉初，闽越王无诸开国，都冶为城，依山置垒，据冶山欧冶池以为胜。欧冶池又称"剑池"，其历史可追溯至春秋战国时期，为冶炼名家欧冶子铸剑处。关于冶城的具体位置，一种说法认为其在屏山南麓冶山及鼓屏路一带，另一种认为其位于北郊新店乡古城遗址；结合汉代福州水陆条件，屏山一带三面环海，以山体、岛屿作为屏障；新店古城则位于莲花山西南山丘台地上，是陆路进入福州的重要关隘，二者应视为基于汉时闽越本土环境营建城池的有机组成，体现了汉代福州的"适水而城"。[②]2013年福州地铁1号线屏山遗址中曾发现早期遗迹，包括夯土台基、水沟、水塘、水井和窑等，其中水塘平面呈长方形，残长29.5米、残宽1.05~3米、深1.65米，[③]是早期人工水景"方形"形制存在的见证（图2-1-1）。[④]

　　秦汉时期的风景营造和游赏活动地包括冶山欧冶池、东郊桑溪、于山九日台、城南越王台与钓龙台等。明代陈鸣鹤《集越王庵》诗云："欧冶池塘烟霭外，无诸宫殿荔萝间。"宋代梁克家《三山志》记载："桑溪，在闽县东，乃越王无诸于此为流杯宴集之地。"桑溪乃是金鸡山东侧登云路下的一段溪涧，迂回曲折，四周花木葱盛，曲水之滨又建有修禊亭，周围怪石嶙峋，岩壑幽胜。闽越王无诸曾在桑溪举行"流杯宴集"，早于绍兴兰亭的"曲水流

①　阮章魁. 士商文化对福州传统建筑的影响［J］. 炎黄纵横，2014，（5）：44-47.
②　李奕成，兰思仁，汪耀龙. 论冶城人居环境与水［J］. 福建论坛：人文社会科学版，2017（6）：154-161.
③　张勇，林津亮，陈子文，等. 福州市地铁屏山遗址西汉遗存发掘简报［J］. 福建文博，2015（3）：16-25.
④　李奕成，兰思仁，汪耀龙. 论冶城人居环境与水［J］. 福建论坛：人文社会科学版，2017（6）：154-161.

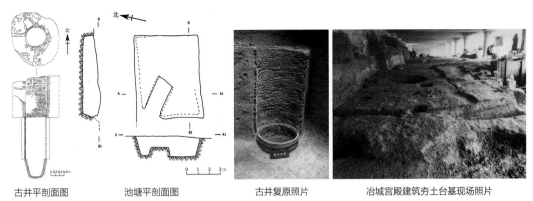

古井平剖面图　　　　　　池塘平剖面图　　　　　　古井复原照片　　　　冶城宫殿建筑夯土台台基现场照片

图2-1-1　福州地铁屏山站考古发掘的井、池塘和建筑夯土台基
（图片来源：平剖面图来源于张勇，林聿亮，陈子文，等. 福州市地铁屏山遗址西汉遗存发掘简报［J］. 福建文博，2015
（3）：16-25；照片拍摄于冶山春秋博物馆）

觞"550多年。冶城东南的于山是闽越族的聚居地，无诸每年九月九重阳节在此登高望海、
宴会宾客。台江大庙山为无诸受封地，汉高帝五年（公元前202年），无诸在此山册封为闽
越王。大庙山有古迹"钓龙台"，相传东越王余善曾在此垂钓，台高4丈，周围36步，台上
可坐百余人。

二、魏晋至唐五代

　　魏晋南北朝，"八姓入闽""衣冠南渡"，带来中原地区先进的生产技术和文化。晋太康
三年（282年），郡守严高分别开凿东湖和西湖，方圆数十里，"潴西北诸山之水"为农田灌
溉之用。而后五代闽王王审知修浚福州西湖，其子延翰、延钧称帝后广修宫殿，西湖成了闽
王的"御花园"。受到中原地区文化影响，宫殿用料奢侈至极。王延钧在西湖修建了数十里
的宫殿园林群，宫殿群中最为著名的就是水晶宫，《闽国史事编年》描述："因卧湖上筑为水
晶宫，夹岸栽桃柳，常携后宫游宴，从子城复道中出"（"复道"指上下各修有一条走廊）。
西湖成为当时闽王朝的皇家御花园。

　　除了宫苑园林建设，寺观园林在这一时期也有极大的发展。西晋佛教传入福州，福州
陆续修建了绍因寺、开元寺、西禅寺、法海寺等十余座寺庙，其中绍因寺是福建省最早的
佛寺，寺内有琴石、金鸡井、饮马池等古迹，是福州寺庙园林最早的萌芽。[1]宋代《三山
志》记载南朝时期福州修建的浮屠："高者三百尺，至有倍之者，铦峻相望"，由此可见，

---

① 刘枫. 福州市寺庙园林研究［D］. 福州：福建农林大学，2008.

当时的建筑技艺有了长足进步。闽王时期，佛教园林进一步发展，闽王王审知对佛教信仰极为推崇，在其带领下先后兴建了雪峰寺、庆城寺、开元寺、涌泉寺等寺庙，《三山志》中道："而王氏入闽，更加营缮，又增为寺二百六十七，费耗过之。自属吴越，首尾才三十二年，建寺亦二百二十"。因寺庙内需进行大量的世俗活动，因而更重视庭院的绿化和园林经营。同时寺庙更注重选址，多择址于山岳风景名胜地，由于佛仙的传说众多，一些修仙炼丹场所也成为重要的风景营造，如于山留存至今的炼丹井。而佛塔林立也是当时福州城的一个特点，唐贞元十五年（799年）乌山东麓兴建无垢净光塔，即乌塔；唐天佑元年（904年）王审知又在于山建报恩定光多宝塔，即白塔。至此"三山两塔"成为福州城市格局的重要标志。可以说，佛道两教对当时福州的山水格局和风景名胜资源的开发具有深远的影响。

这一时期特别是唐代，社会风气开放包容，文化艺术氛围活跃，人文景观得到较大的发展，风景营造也迎来一个兴盛时期。唐天宝八年（749年）敕改乌石山为闽山，唐大历七年（772年）御史李贡在乌山造华严台，李阳冰篆刻《般若台记》于其上，这是闽中最早的摩崖题刻，世称"天下四绝"之一[①]。唐建中四年（783年），鼓山始有华严寺；唐贞元十二年（796年）怡山建冲虚宫（今西禅寺之南方位）；唐贞元十五（799年），乌山建无垢净光塔，五代闽永隆三年（941年）闽王王延羲在唐代"无垢净光塔"旧址上兴建乌塔，佛塔林立成为唐末五代时期福州城的一大特征。[②]唐碑《球场山亭记》是福州公共园林建设的最早史料（图2-1-2），"球场""山亭"的遗址位于鼓楼区鼓屏路以东、冶山路以南的冶山地区（图2-1-3）。"山亭"即以山为主体进行园林营造，球场山亭的配建模式深受唐长安城园林文化的影响。[③]福州刺史裴次元通过在山上修建山亭，将山北剑池与山南球场贯通起来，在福州城东打造了极佳的城市公共风景游憩区，也为百姓大众提供了城市公共游赏空间。

这一时期，随着城池和农田水利建设，福州的温泉资源也开始得到利用。据《福州温泉志》记载，晋太康年间，晋安太守严高建子城，就在东门外发现汤

图2-1-2 唐代福州球场山亭记碑
（图片来源：林丹. 唐代福州球场山亭记碑与马球文化［J］. 艺苑，2013（4）：106-109.）

① 郭柏苍，刘永松. 乌石山志［M］. 福州：海风出版社，2001.
② 张雪葳，王向荣. 福州山水风景体系研究［M］. 北京：中国建筑工业出版社，2022.
③ 沈伟棠，昌庆元，陈小英. 从出土《球场山亭记》碑论中唐福州城市公共园林［J］. 中国园林，2021，37（11）：133-138.

图2-1-3　冶山春秋园展示的唐马球场遗址
（图片来源：王文奎 摄）

水。五代时期，闽王王审知建罗城时，也发现了温泉，于是垒石成池，建有"茅屋三椽"，后人称为"古三座"澡堂。彼时的古三座、十石曹、八角井与青池，并称为福州四大温泉古汤池。

三、宋元时期

宋代，政治、经济和文化中心的逐渐南移，促进了福州的全面发展，扩建宋外城、兴建农田水利，社会人文艺术也繁荣昌盛，可谓"东南全盛之邦"。这个时期也是福州园林发展的一个全盛时期，园林活动与水利建设、城池变迁、风景游赏、理学教育、宗教活动以及丰富的市井生活等相关。

这一时期，闽江上游山区的开发带来水土流失进一步加剧，大量的泥沙淤积于福州盆地，同时海退也促进了洲地的扩大，围海和围湖造地活动加速，彼时东湖已经淤塞变为耕地，西湖也不断萎缩。在增加大量土地的同时，也使福州水患问题突出。宋代福州城开展了大规模水利建设，也直接带动了福州的山水风景营造[①]。北宋苏州人程师孟在福州知府任上

① 张雪葳，王向荣. 福州山水风景体系研究［M］. 北京：中国建筑工业出版社，2022.

时疏浚欧冶池，建"欧冶亭"，并撰《欧冶亭序》，夸赞欧冶池"其迹最古""开阔清冽"，池之南有"沧洲野色郁然城堞之下"，而亭台楼阁、画舫之景又可游观。南宋福州知州赵汝愚在疏浚西湖、恢复水利的同时，将山水文化与水利工程巧妙融合，修葺原有的亭榭和两堤梅柳，在湖滨筑建澄澜阁，并题"福州西湖八景"。[①]至此，西湖从闽王的御花园转变为公共园林。西湖的公共园林活动除了平民百姓的世俗游赏，还包括文人墨客的雅集宴游，宋代著名诗人辛弃疾、陆游、名相李纲等人都曾在西湖游赏时留下优美诗句，使得福州西湖名声更噪。

　　宋代福州的风景营造进入全盛时期，以城中三山为核心，是福州城市的形象代表，成为主要的风景营造和游赏地。史料记载的有冶山欧冶园、闽山光禄吟台、于山补山精舍等。宋乾德二年（964年），屏山建越山吉祥禅院，为今华林寺前身。宋崇宁二年（1103年），仓前山建崇宁寺。宋元丰二年（1079年），唐宋八大家之一的曾巩受福州郡守程师孟所邀，为其所建亭著《道山亭记》（图2-1-4），记述了乌山风景和福州风土民俗，描述道："福州治侯官，于闽为土中，所谓闽中也。其地于闽为最平以广，四出之山皆远，而长江在其南，

图2-1-4　乌山道山亭和《道山亭记》
（图片来源：王文奎 摄）

---

① 卢美松. 福州名园史影［M］. 福州：福建美术出版社，2007.

大海在其东，其城之内外皆涂，旁有沟，沟通潮汐，舟载者昼夜属于门庭。麓多枲木，而匠多良能，人以屋室巨丽相矜，虽下贫必丰其居，而佛、老子之徒，其宫又特盛。城之中三山，西曰闽山，东曰九仙山，北曰粤王山，三山者鼎趾立。其附山，盖佛、老子之宫以数十百，其瑰诡殊绝之状，盖已尽人力。"由此可见，福州的山水资源都得到了一定程度的开发利用，福州园林的文人意趣也更加凸显。

在"三山两塔"的山水城市空间格局下，福州私家园林建设开始萌芽，始建于宋代的芙蓉园，第一任园主为宋参知政事陈韡，因遍植芙蓉得名，后几经易主，历经朝代更迭，延续至今。较之唐、五代时期，宋代福州书院也有了较大的发展。以朱熹为代表的理学兴起，促成了书院的蓬勃发展。朱熹弟子黄榦在福州创建了云谷书楼（乌山）、高峰书院（怀安长箕山），此时的书院多择址山林，具有山林文化特色。北宋治平年间（1064—1067年），福州太守张伯玉"令通衢编户浚沟六尺，外植榕为樾，岁莫不凋"[1]，要求将榕树作为行道树。福州城内"榕荫满城，暑不张盖"，城市由此别称"榕城"。榕树常绿、枝繁叶茂、雄伟壮观，成为福州古城的独特风貌，一直沿用至今。[2]

四、明清时期（开埠前）

明清时期，海禁和海防建设的反复直接影响了福建沿海的社会、经济发展。福州虽也繁荣，但较之江南和京师，已有所落后。这个时期福州整个园林大环境经朝代演变逐渐成熟，开始出现大量的私家园林、书院园林、会馆园林，园林的多功能属性更为凸显，达到了福州园林的兴盛期。

福州园林虽也繁华，但从规模、文化积淀、艺术格调和造园技巧上，略较江南逊色。明清两代福州涌现了众多著名文人，如曹学佺、叶向高、谢肇淛、梁章钜、龚易图、郭柏苍、郑善夫等，这些文人科举登第、做官返乡后于福州修建宅邸园林，例如福州人龚易图"善构园林，皆寓以画意"，其曾在山东烟台毓璜顶开辟公园，又在福州家乡广置园林别墅，分处福州城不同方位，其在西湖建有环碧轩（三山旧馆）、在朱紫坊建有武陵园和芙蓉别岛、在光禄坊有陶舫、在乌石山西南有双骖园。这一时期福州城中宅园林立，私家园林造园活动频繁，达到历代顶峰，建造了许多意境深邃、诗情洋溢的文人园林。

明代中国传统古典园林已经从唐宋时期的写意自然山水园演进为人文自然山水园。当时福州文人多为官游历于江南一带，所营建的园林展现出了一定的江南园林意趣。石仓园园主

① 梁克家. 淳熙三山志［M］. 福州：海风出版社，2000.
② 福州市园林绿化志编纂委员会. 福州市园林绿化志［M］. 福州：海潮摄影艺术出版社，2000.

曹学佺曾遍访江南园林山水，追求游憩山水带来天人之乐，但区别于江南园林的叠山理水，石仓园选址于山林，几乎未见人工叠山，水体也取自天然，既反映了晚明文人园天然雅致、隐逸自适的思想，又体现了闽地文人因地制宜、自然天成的造园思想。[①]建于明万历年间的豆区园为宰辅叶向高的私家花园，是其辞官后的归隐之地。整体布局偏向于江南私家宅园的风格，园内亭、台、楼、阁、岩、洞错落有致，参天古木、名贵奇石相映成趣，并以楹联题刻增添意境，极具文人色彩。[②]

清代福州私家园林的分布已从城中三山拓展至城外郊野的乌龙江畔，有螺洲陈氏五楼、钟园等。清乾隆《福州府志》将宅第园亭的繁盛描绘为"高栋云连，名园绣错"，并将其归功于太平气象，"揖三山以为屏，引螺江以为沼，绿榕、朱槿、鸣鸟、钩辀"[③]，这一时期福州的私家园林多趋于小型化、生活化，[③]规模不大，以庭园为主，园地多不足半亩，特别是古城区域分布着众多与民居融为一体的私家园林，是福州传统私家园林造园精华之所在[②]。园林中假山、鱼池、花木、建筑等要素均布置齐备，布局上擅以小见大，建筑所在位置为主要观景处，多与园林相对，体现园林的实用性；花木配置上以乡土树木运用为主，使庭园充满清新活泼的气氛。三坊七巷现存的小黄楼、林聪彝故居、刘家大院、水榭戏台、二梅书屋、尤氏民居（图2-1-5）等皆是清代时期福州私家宅园的典型代表。

这个阶段的书院园林得到了很大的发展，福州的四大书院，即鳌峰书院、凤池书院、正谊书院、致用书院，是当时官办的最高学府。其中位于于山山麓的鳌峰书院位于鳌峰坊内，面对于山鳌峰顶（今状元峰），园林中旧有鳌峰亭，具有丰富和典型的园林风貌。

基于山水的公共园林和风景营造趋于成熟，并具有一定延续性，如城北镇海楼补屏山山势之缺，城西西湖"一池三山"、城东鼓山以涌泉寺为中心布置景点，城南横亘万寿桥，水口处建罗星塔，体现了人工与自然的有机结合。[④]

福州作为少有的对外朝贡和贸易的城市，有一些会馆和驿馆兴起，主要集中于南台地区的上下杭和打铁港附近。据《道咸宦海见闻录》记载："南台距省十五里，华夷杂沓，商贾辐辏，最为闽省繁富之地"。一些衙署和海关等行政机构分布在马尾地区，距城30千米，在选址上结合了海上航标罗星塔，并建有当时中国最大的造船基地，为远东地区之最。

① 周向频，吴怡婧. 晚明福州曹学佺石仓园平面复原及特征研究 [J]. 风景园林，2020，27（6）：121-126.
② 雷芳，朱永春. 闽东古典园林发展史略 [J]. 华中建筑，2009，027（7）：152-156.
③ 郭白阳. 竹间续话 [M]. 福州：海风出版社. 2001.
④ 张雪葳，王向荣. 福州山水风景体系研究 [M]. 北京：中国建筑工业出版社，2022.

图2-1-5　尤氏民居园林
（图片来源：王文奎 摄）

五、近现代

晚清时期，福州被辟为通商口岸，使馆、教堂、洋行林立，呈现出不同于以往的城市面貌。当时的福州，虽没有广州沙面租界繁盛的"十三行"行商园林，也不像厦门鼓浪屿一岛之上的集中了各国的建筑，但是在闽江边的烟台山，在高耸入云的鼓山鼓岭，依着这样的自然山水风貌也发展起来了国际化社区，所营造的风景，也是独具特色的。

由于东西方文化碰撞激烈，大量的西洋风融入沿海地区的风景园林中，出现了大量中西合璧的私家园林。位于北大路晚清最大的私家园林"三山旧馆"（现不存），馆内有白洋楼、观袖亭、西式门厅和廊柱等；又诸如采峰别墅、王麒故居，在继承中国传统园林风格的基础上，融入了西方园林和建筑风格，体现中体西用的特点。

近代福州的烟台山、鼓岭分别为外国人居留地和洋人避暑地，呈现出不同于老城区的景观风貌，为城市公共空间注入了新的景观元素。南台岛以北、闽江以南的烟台山一带分布有领事馆、洋行、码头，以及教堂（图2-1-6）、学校、医院等建筑，被称为"万国建筑博物馆"。烟台山历史文化风貌区的绿化资源丰富，别墅院落内拥有大型乔木绿化，有"榕树下

图2-1-6　烟台山的石厝教堂
（图片来源：肖晓萍 摄）

的多元社区"之称，其中禅臣花园有早期西式植物园的雏形。鼓岭由于自然条件优越，早先就被外国人选中作为旅游度假区，新建了大量的度假别墅，这些西式建筑依山形地势排列，视角较好。整个建筑群的规划设计以西方社区营造理念为主，在筑造形式、设计风格、选材用料及公共空间营造等方面都独具特色。

　　自19世纪中期开始，福建成为基督教来华传教的前沿阵地，教会学校随之兴起。20世纪初，英美基督教会在福州先后创办了13所教会大学，其中就包含了华南女子文理学院（后并入福建师范大学）和福建协和大学（福建师范大学及福建农林大学前身）。前者为福建省第一所教会女子大学[①]，后者则是近代中国有名的私立教会大学之一，二者皆有中西合璧的校园景观。其中华南女子文理学院位于仓山上三路山岗，景观设计顺应山形地势、高低错落，既有中轴对称的庄重，又有动线曲折迂回、讲究自然情趣，兼有中西融合的古典主义园林特征[②]。协和大学位于鼓山东南麓、闽江之畔，校址独特，校园依照近代西式校园规划，但是

① 黄文燕. 福建教会大学在福建教育近代化中的作用——以华南女子文理学院为例 [J]. 学理论，2009（29）：163-164.

② 李海霞，朱永春. 华南女子文理学院近代建筑遗存考证 [C] //张复合. 中国近代建筑研究与保护（六）. 北京：清华大学出版社，2008：412-419.

高度顺应融合了福州本土的山水及地域文化，因地制宜采取自由式布局[①]，成为教会大学中的一个特例。

第二节　福州传统园林的类型和分布

一、福州传统园林的类型

中国古典园林按照园林的基址和开发方式，可以分为人工山水园和天然山水园，按照隶属关系又可分为皇家园林、私家园林、寺观园林三大主要类型，之外还有一些衙署园林、书院园林、会馆酒肆等附属园林，以及公共园林和风景名胜区[②]。福州传统园林按基址分，既有数量众多、具有鲜明地方特色的人工山水园，也有依山水条件而营建的大量天然山水园；从使用性质上可分为私家园林、公共园林、宫苑园林、寺观园林、祠堂园林、书院园林，以及会馆园林等各种形式，可谓种类齐全。

福州建都属于地方诸侯王朝，其宫苑园林不及中原帝王宫苑的规模和豪华程度，但亦为统治阶级所营建，是福州园林历史上较早出现的园林类型，例如汉冶城欧冶池，以及五代西湖水晶宫等。之后的1000多年，福州不再为都，早期的宫苑园林所存遗迹不多，在宋以后也主要作为公共园林的游憩地来使用。清初藩王割据时，耿精忠在水部门外建靖南王府，也算是曾经有过王府花园，规模较大，但也是昙花一现，没几年就改为他用，历经多次变化，最后在民国初期也成为公共园林。宋时文化中心南移，福州文人的私家园林开始兴盛，至清代步入发展成熟的时期，营造的私家园林意境深厚，既有隐于市井的"小园"，又有城郊村落中的"大园"，使人可以"不出城廓而获山林之怡，身处闹市而有林泉之趣"；既是隶属于私人的居住区域，也是文人群体的觞咏雅集之地。福州私家园林在明清时期得到快速的发展，其数量之多和分布之密集，可以与江南一些城市相比肩，但是受其经济条件的限制，大多数规模较小。这部分也是保留至今最多的园林类型，资料记载的有70座[③]，提供了探究福州传统园林发展的最好的素材。

福州的山水形胜，为公共园林的风景营造提供了绝好条件。尽管一般而言，风景名胜区因其以自然本底为主，是一个有限度的、局部人工点缀的自然环境，多为自发而非规划，因

---

① 李海霞. 福建协和大学魁岐校区校园规划和建筑考（1922—1939）[J]. 建筑史，2011（0）：188-200.
② 周维权. 中国古典园林史（第二版）[M]. 北京：清华大学出版社，1999.
③ 卢美松. 福州名园史影 [M]. 福州：福建美术出版社，2007.

而不能等同于园林①。但是福州"城在山中、山在城中",独特的山水城市格局使得山水风景与城市高度融合,随着城池的变迁,城中的山水一直在持续不断地进行着人工风景营造,尤以三山为典型;水利建设也是伴随风景营造的一个重要原因,大量的水景塑造都和2000多年不断的水利建设息息相关,如西湖开凿于晋子城时期,引西北诸山之水用于灌溉农田,伴随着城市发展,逐渐从城市陂塘系统转变为城市景观体系的一部分。这些风景营造活动大多成就了福州诸多的天然山水园和公共园林。

福州被誉为南国佛都,又曾是理学中心,有海滨邹鲁之称,因而寺观园林、书院园林也多。这些寺观和书院大多选址在名山胜景之处,或依山势构筑庭园,或择山水佳处另作附属园林,体现幽居山林的隐逸之趣。如宋代福州太守程师孟在闽山法祥寺留下"光禄吟台"的题刻,因其曾任光禄卿,得名"光禄坊";清代福建巡抚张伯行"捐俸构屋于九仙之麓,葺而新之,为鳌峰书院",书院亦成为清代福建省最高学府。文庙则是祭祀孔子兼有官学教化功能的纪念性建筑,最早建于公元前478年的山东曲阜。北宋名臣范仲淹任苏州知州次年(1035年),首创将官学和孔庙合一的"左庙右学"格局,一时名闻天下,各地纷纷仿效,《苏州园林史》也将苏州文庙作为书院园林的一个案例②。福州文庙历史上也与府学呈左庙右学并列布置,但是由于府学早已拆除,仅存文庙的主要格局,因此仍暂且将其作为寺观园林一类。

由于福州地处闽江河口,自古以来就是重要的商贸集散地。历史上福州曾是全国茶叶、木材的三大集散中心之一,还是瓷器对外的重要贸易地,商贸繁荣,因此各类的会馆也比较兴盛。明清两代福州开始出现会馆建筑的形式,包括行政会馆、商业会馆、科举会馆等③。据统计,福州历史上共有66所会馆④,会馆园林相继产生,其中福州商务总会的园林占地面积颇大,占地约1000平方米,约占会馆总面积的1/3,园内的八角亭则为商会成员子弟读书的书斋。明清时期特别是在海禁以后,福州是少数保留海外贸易的城市之一,也曾是郑和下西洋的集结地,是重要的朝贡贸易所在地,因此而形成了与之相关的驿馆。福州主要承接琉球国的朝贡,因而设立了柔远驿,俗称琉球馆,但是主要以招待住宿等实用功能为主。

二、福州传统园林的分布

1. 私家园林

私家园林是福州传统园林中最具有地域特色、保留数量最多的类型。因福州"城在山

① 周维权. 中国古典园林史(第二版)[M]. 北京:清华大学出版社,1999.
② 苏州园林设计院股份有限公司. 苏州园林史[M]. 北京:中国建筑工业出版社,2023.
③ 王隽彦. 福州明清会馆类型特征及其社会功能研究[J]. 福建工程学院学报,2019,17(5):448-452.
④ 杨济亮. 明清福州会馆概介[EB/OL]. https://www.fzskl.com/html/2010524/201052416355.shtml. 2010-05-24.

中，山在城中"的环境特点，福州古代造园和选址上表现出一定的文人群体性和山林意趣。城内居民区内的园林，集中于三坊七巷、朱紫坊、鳌峰坊一带，宅园一体。其选址和苏州园林有异曲同工之处，"远往来之通蘅，僻处小巷深处，杂厕于民居之间"，在闹市中寻求僻静之处，通过艺术构思在城市中缩摹自然山水。与三坊七巷、鳌峰坊相毗邻的乌山、于山南北麓也多有私家园林分布，其园多为别业，周围林木葱郁，环境幽趣，享山林之乐。郭白阳《竹间续话》记："乌石、九仙两山，下多前贤园林宅第，亦人杰地灵所聚"[1]。而郊外也有零散分布，如螺洲古镇的陈氏五楼，阳岐的玉屏山庄，福清的豆区园等。相较于岭南的广州一带而言，私家园林常择址于郊外风景资源优胜之地，多傍水而建，远离城郊。就这一点而言，福州的私家园林则更多像江南一般，较多位于城区中（图2-2-1）。

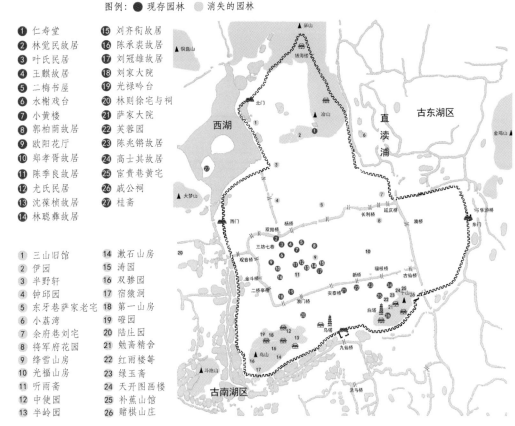

图2-2-1　福州古城内主要私家园林分布示意图
（图片来源：许航 改绘，底图参考：卢美松. 福建省历史地图集 [M]. 福州：福建省地图出版社，2004.）

---

① 郭白阳. 竹间续话 [M]. 福州：海风出版社，2001.

2. 宫苑衙署园林

宫苑园林是福州园林最早出现的园林形式之一。汉闽越王无诸在冶山一带修建冶城，清林枫《榕城考古略》载，冶城"当在今城隍庙迤北至诸古岭等地也。"在考古发掘中出土了大量的汉代砖瓦等建筑材料，范围较大，龙凤纹"万岁""万岁未央"瓦当为冶城宫苑的文化遗存。[①]闽国时代，是福州宫苑园林最为鼎盛的时期，最著名的两座宫殿分别为长春宫和水晶宫。长春宫相传为王延钧所建，宫殿于939年被烧毁。西湖水晶宫为五代闽王的御花园，建于西湖畔，为闽王王审知次子王延钧的御花园，筑室百余间，建造亭台楼榭，湖中设楼船，[②]并修有"复道"，可从罗城中出游。[③]从宋代开始，这水晶宫就和西湖作为城市重要的水利工程一起，慢慢转为公共的游览胜地了。

福州作为闽都，八闽首府，历代各级衙门均设于城内。越王山区域为历代的政治中心，越王山支脉冶山为建城提供了相对高点，以及军事上的安全性，发展至清代集中分布有布政使衙门、按察使衙门、福州府衙门等衙署机构。[④]根据《福建省会城市全图》，福州府城内南北主干大街分布有布政使衙门、总督衙门、按察使衙门、学政衙门、巡抚衙门、侯官县衙门等机构，府城东部则分布着将军衙门、都统衙门等军事机构（图2-2-2）。衙署园林虽为官吏游乐之地，但往往会在农历传统节日对百姓开放，或摆台设戏，或举办庙会，官民同乐，故而衙署园林多带有公共园林的特性。[⑤]福州记载中最著名的衙署园林有州西园、乐圃等。

水部门外的南公园曾经是清初靖南王府，是福州唯一的王府园林。1682年，耿精忠谋反被除后，从鼎盛时期的王府花园逐渐成为私家园圃，后于民国初年改建成公园。城郊的林浦泰山宫作为宋帝行宫，仅仅昙花一现，是南宋末代皇帝落难过程中的短暂停留地，尚未有园林之实。

伴随着封建制度的瓦解，宫苑、衙署这一园林类型在福州逐渐消失，多数在历史上或因兵燹之灾，或因衙署荒废，改建为其他类型的园林了。

3. 公共园林

城内的公共园林主要以三山和西湖为主，以及屏山的支脉冶山。三山之中，于山、乌山位于福州古城南城墙附近，与古城联系密切。于山"山有二十四奇"、乌山"山有三十六景"，为历史悠久的公共游赏地，屏山自明清也纳入城中，三山周边均有附山的园林分布

① 黄展岳. 冶城历史与福州城市考古论文选 [M]. 福州：海风出版社，1999.
② 郭白阳. 竹间续话 [M]. 福州：海风出版社. 2001.
③ 薛爱华. 闽国——10世纪的南方王国 [M]. 上海：上海文化出版社，2019.
④ 陈为. 明清时期福州三山风景体系研究 [D]. 北京：北京林业大学，2020.
⑤ 赵鸣，张洁. 试论我国古代的衙署园林 [J]. 中国园林，2003（4）：73-76.

图2-2-2　清代福州古城中的衙署分布图
（图片来源：许航根据《福建省会城市全图》绘制，底图来自中国国家图书馆）

（图2-2-3）。西湖为"天下三十六湖"之一，远借西门外西禅寺的钟声，由此而有了"西禅晓钟"，为西湖"八景"之一。冶山位于城市中央，以欧冶池、唐球场最为出名，其中欧冶池为著名的水利设施，至宋代成为游赏之地，冶山之上还有九曲，为冶山"二十四景"之一。东北郊桑溪下建有小兰亭，为昔人上巳禊饮处，因其历史可追溯至闽越王无诸时代，成为时人怀古的去处。

　　地处西郊的洪塘为闽江上游各地至福州的古渡口，三面临江，一面背靠妙峰山，既是福州城外围的重要集镇，也是著名的风景胜地。近郊高盖山位于城南，北俯省城，南眺乌龙江，被视作福州案山，有"高盖擎云"一说，山中有桃花溪，元人曾在此植桃树百余株，还有妙峰寺，宗教氛围十分浓厚。外围则以鼓山的风景营造为主，鼓山位于城东三十里，为福州城外登高望海的特定区域。自古有鼓山十八景，摩崖石刻遍及全山堪称"福州碑林"，而

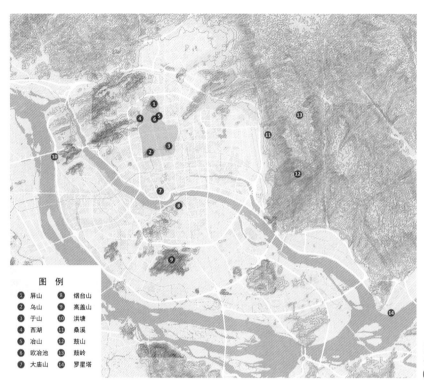

图 例
① 屏山　　⑧ 烟台山
② 乌山　　⑨ 高盖山
③ 于山　　⑩ 洪塘
④ 西湖　　⑪ 桑溪
⑤ 冶山　　⑫ 鼓山
⑥ 欧冶池　⑬ 鼓岭
⑦ 大庙山　⑭ 罗星塔

图2-2-3　福州主要的
传统公共园林分布图
（图片来源：方雄斌 绘）

鼓山之北的鼓岭在近代被西方传教士辟为洋人的避暑胜地，不仅有大量的度假别墅建筑，还形成了大量西式的山地公共园林和设施，如网球场、游泳池等。

4. 寺观、书院园林

自魏晋以来，福州就是重要的南国佛都，至明清时期，福州佛寺遍及名山胜地。城中三山及小山丘，以及城外山麓皆有寺庙。大型的寺庙常有独立设置园林部分，但是多数常与风景名胜相结合，扩大了游赏范围。[1]代表性的有福建都城隍庙（原址位于冶山西南麓的城隍街，始建于西晋太康三年，明清时期盛极一时，占地100多亩，后毁于"文化大革命"时期，现存城隍庙为20世纪90年代在原城隍庙阴阳司、侯爷殿旧址重修而成，占地约500平方米，仅余祭祀祠堂，园林不存）、屏山华林寺、乌山石塔寺、于山古莲寺、怡山西禅寺、灵山开元寺、钟山大中寺，闽山法祥院神光寺、净慈寺以及鼓山涌泉寺等；此外还有分布在水边的寺庙，如西湖开化寺、桑溪双龙庵、洪塘乌龙江边金山寺。文庙则位于福州古城中轴线东侧，与府学并列，地位十分显要。

---

① 于硕，李霄鹤，庄晨薇，等. 福州古代寺观园林时空分布初探［J］. 中国城市林业，2014，2（4）：64-67.

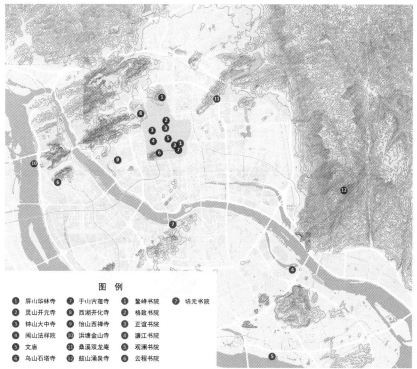

图 例
① 屏山华林寺　　④ 于山古莲寺　　① 鳌峰书院　　⑦ 培元书院
② 灵山开元寺　　⑧ 西湖开化寺　　② 格致书院
③ 钟山大中寺　　⑨ 怡山西禅寺　　③ 正谊书院
④ 闽山法祥院　　⑩ 洪塘金山寺　　④ 濂江书院
⑤ 文庙　　　　　⑪ 桑溪双龙庵　　⑤ 观澜书院
⑥ 乌山石塔寺　　⑫ 鼓山涌泉寺　　⑥ 云程书院

图2-2-4　福州主要的
寺观和书院园林分布
（图片来源：方雄斌 绘）

福州的书院多为选址于山林之间的读书处所，一般位于山顶或山麓。明清时期因福州作为省城，出现许多位于市井之中的官办书院，如鳌峰书院、正谊书院。还有一部分书院位于城郊村落，如林浦濂江书院、螺洲观澜书院、洪塘云程书院等，体现耕读传家的闽地传统。①福州成为五口通商后，又出现了教会学校，如位于于山北麓的格致书院、仓前山望北台培元书院等（图2-2-4）。

5. 会馆、驿馆园林

福州会馆园林的分布多与交通区位相关，呈现出"北城南市"的特点（图2-2-5）。②城内所在的鼓楼区自古为城市的政治、文化中心，会馆主要分布在三坊七巷附近，如建宁会馆、八旗会馆、两广会馆等。城外的南台地区，紧邻福州货运码头，因水路纵横而拥有江潮之利。很长一段时期这里是茶叶、大米、木材、纸张等商品交易的活跃区域，如台江的古田会馆、福清会馆，仓山的浙商安澜会馆、粤商广东会馆等。此外，还有的会馆有着一城多馆

① 王强. 明清福州地区古书院园林研究［D］. 福州：福建农林大学，2018.
② 王隽彦. 福州明清会馆类型特征及其社会功能研究［J］. 福建工程学院学报，2019，17（5）：448-452.

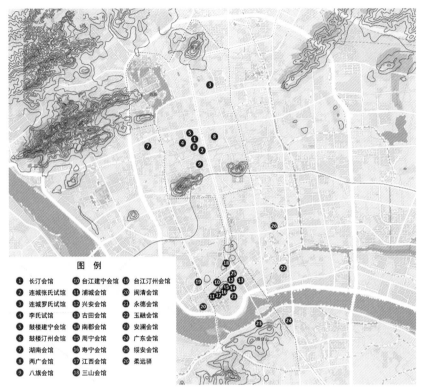

图 例

① 长汀会馆　⑩ 台江建宁会馆　⑲ 台江汀州会馆
② 连城张氏试馆　⑪ 浦城会馆　⑳ 闽清会馆
③ 连城罗氏试馆　⑫ 兴安会馆　㉑ 永德会馆
④ 李氏试馆　⑬ 古田会馆　㉒ 玉融会馆
⑤ 鼓楼建宁会馆　⑭ 南郡会馆　㉓ 安澜会馆
⑥ 鼓楼汀州会馆　⑮ 周宁会馆　㉔ 广东会馆
⑦ 湖南会馆　⑯ 寿宁会馆　㉕ 绥安会馆
⑧ 两广会馆　⑰ 江西会馆　㉖ 柔远驿
⑨ 八旗会馆　⑱ 三山会馆

图2-2-5　福州会馆驿
馆分布图
（图片来源：方雄斌 绘）

的分布形态，如绥安会馆，分别位于鼓楼南街郎官巷、台江上杭路。驿馆也是因朝贡及其贸易而形成，更是对外贸易交通便利之处。柔远驿即在南公河口地区，历史上就是朝贡贸易集中的区域。

第三节　传统园林和历史文化名城

传统园林是福州历史文化名城的重要组成部分，与福州2200多年的建城史相伴相生，是闽都地方文化遗产的重要组成部分，在福州历史文化名城中扮演了极其重要的作用。从宏观、中观、微观的视角来看，这些传统园林和福州历史文化名城的山水格局、历史文化中轴线、历史文化街区、名镇名村各个层级都有着密切的关系。因此，保护好各种类型的传统园林及其与古城的关系，也是保护历史文化名城的重要组成部分。

一、山水格局与传统园林

独特的山水格局是福州历史文化名城的重要特征，拥有"山城合抱、派江吻海"的大山水、大园林空间格局，以及"城中有山，山中有城"的古城选址特点。可以说，福州历史文化名城"城园相融"，就是一个天然的大山水园林。富有山水特色的城市空间格局被吴良镛先生誉为"东方城市设计的佳例之一"。山水格局造就了福州的传统园林，尤其是与山水格局相适应的风景名胜园林，也进一步强化了福州山水城市的特色（图2-3-1）。

三山鼎峙，发展出了重要的风景营造，各类寺观园林依山而建，两塔对峙，样楼望海，更是将山水城市的风景营造上升至城市空间格局塑造之高度。宋代诗人陈轩有诗云："城里三山古越都，楼台相望跨蓬壶。有时细雨微烟罩，便是天然水墨图。"

二龙送水，东西二湖，造就了千年的西湖以及晋安河、白马河两条穿城内河，城市内河河网密布。尽管之后的东湖逐渐湮没消失，但福州在现代城市建设中逐渐恢复了二湖以及河湖连通的格局。曾巩《道山亭记》有"沟通潮汐，舟载者昼夜属于户庭"。龙昌期也写下了"苍烟巷陌青榕老，白露园林紫蔗甜。百货随潮船入市，万家沽酒户垂帘"。内河沿岸也造就了大量的私家园林和公共园林，园林中的池水与潮汐相通，共同涨落。内河又与闽江相通，独特的双抛桥、三捷河的内河"合潮"景观，造就了三坊七巷和上下杭千年的文脉和繁盛。

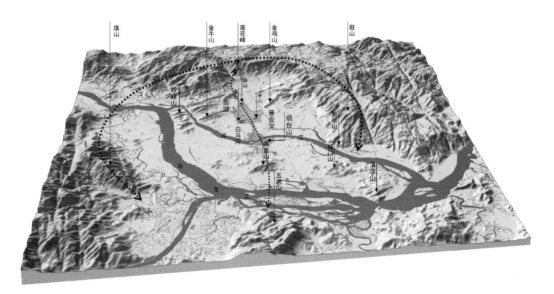

图2-3-1 福州古城与山水格局的关系
（图片来源：方雄斌、王文奎 绘）

城外北郊有桑溪宴集之处，是为闽越时代福州就有的藉自然山水的近郊风景营造体验活动；东郊鼓山鼓岭为登高揽胜避暑之地；南郊高盖山、五虎山案山巍然。这些近郊的风景名胜和公共园林进一步强化和塑造了福州的山水格局。

卢美松将福州园林多的原因与福州城市的特点相关联，一是福州"其城内外皆涂，旁有沟，通潮汐，舟载者昼夜属于门庭"，福州城水网密度的特色，为营造园林提供了最好的素材；二是福州多山，"麓多桀木，而匠多良能"；三是福州人对宅居的要求，"人以屋室巨丽相矜，虽下贫必丰其居"[1][2]。

二、历史文化中轴线与传统园林

福州的八一七历史文化中轴线集中反映了福州建城2200余年的历史，福州历史城区具有"三山鼎立、二塔对峙、样楼独秀、一线贯串、内水萦绕、襟江带湖"的城市空间格局特色，[3]这些也都体现在了福州的城市中轴线上。沿线保存了不同历史阶段、规模较大、格局完整的历史文化街区。这在国内其他大城市中较少见到，这里也是传统园林和风景营造的集中地带。

屏山镇海楼位于轴线北端，是福州府城的城楼和样楼，也是海船进入闽江口的航标。向南一里就是冶山和欧冶池，述说着2200余年的城市之根，是闽越文化的重要发源地。三坊七巷和朱紫坊坊巷纵横，私家园林精致点缀其间，朱紫坊街区在清末已有孔庙、县衙、府学以及书院，是古代文化教育的集中之地。乌山、于山两山对峙，乌塔、白塔两塔对望，构成犄角之势力。出南门直至城南，商贸云集，会馆驿馆相拥，有上下杭历史文化街区。万寿桥跨于闽江之上，直抵烟台山，成为水陆交通要冲。烟台山上曾有天宁寺、天宁台，位于中轴线的南端。再往南直至高盖山，跨乌龙江则远望五虎山。

在这南北轴线上，无论是城内还是城外，基于山水大尺度的风景园林营造活动，进一步强化了福州城市历史文化中轴线的特色（图2-3-2）。

在古城范围内，中轴线两侧的三坊七巷、朱紫坊和乌山、于山构成"两山两塔两街区"，是福州历史文化名城最为精华的地区，也是自然山水园和人工山水园交相辉映的地区。在该区域中，三坊七巷和朱紫坊历史文化街区以明清建筑和完整的坊巷风格为主要特征，由排堵门罩、白墙青瓦朱门、高低错落的曲线封火山墙组成街巷的韵律空间，可视为

① 郭柏苍，刘永松. 乌石山志 [M]. 福州：海风出版社，2001.
② 卢美松. 福州名园史影 [M]. 福州：福建美术出版社，2007.
③ 福州市规划设计研究院. 福州历史文化名城保护规划（2012—2020）[R]. 福州：2012.

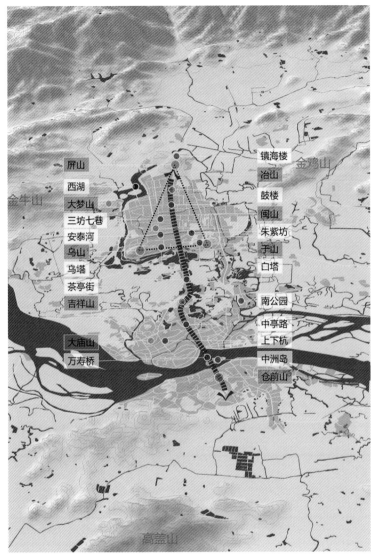

坊巷园林的前奏。乌山、于山和屏山充分体现了中国古代人工与自然充分结合的风景营造方法，并形成了奠定福州古城"三山两塔、样楼望海"基本格局的山地风景园林。

在城外的南台地区，传统历史文化中轴线与闽江交会。凭借便利的交通条件，成为闽江上下游的商品集散地，也是近代福州五口通商的重要门户。该区域既包括位于福州城南、闽江之北的台江上下杭历史文化街区，以及苍霞历史文化建筑群，也包括仓山沿汀一带的烟台山历史风貌区，山、水和街巷相依相生。再南则为远郊的高盖山、乌龙江和五虎山，山江融合，呈现一幅山水大园林。

图2-3-2　古城中轴线上的风景园林营造
（图片来源：方雄斌 绘）

三、历史文化街区和传统园林

历史文化街区是福州传统园林分布最为密集的地区，而且由于不同历史文化街区的功能特点不同，传统园林也还有所差异。古城范围内的三坊七巷和朱紫坊是福州古厝传统古民居的士大夫文人集聚的街区，达官显贵较多，宅园中拥有更多的文人私家园林。城外的上下杭街区为传统商贸聚集区，各类会馆云集，多有显赫的会馆建筑及其附属园林。老仓山及烟台山片区是开埠后中西商贸及文化汇聚之地，西风东渐，形成了多样的中西合璧的风景园林。

三坊七巷始于晋，形成于唐，兴于宋，盛于清，至今保留着明清时期的格局。街区以南后街为中轴，呈西坊东巷由北至南依次排列的格局。其中，三坊为衣锦坊、文儒坊、光禄坊；七巷为杨桥巷、郎官巷、塔巷、黄巷、安民巷、宫巷、吉庇巷。其中，文儒、光禄两坊，以及郎官巷、塔巷、黄巷、安民巷、宫巷五巷保存较为完整。"谁知五柳孤松客，却住三坊七巷间"，林则徐、沈葆桢、严复、陈宝琛、林觉民、林旭、冰心、林纾等闽都名人皆出于此，享园居之乐（图2-3-3）。三坊七巷中的传统园林以私家园林为主，也有建宁会馆、林则徐祠堂等会馆与祠堂园林；还有围绕"闽山"光禄吟台的自然山水园。街区现存保留和修复较为完好的私家园林有十多处，为福州传统私家园林的代表。著名的有小黄楼、水榭戏台、二梅书屋等，规模最大的要数林聪彝故居和小黄楼，园林面积分别为458平方米、

① 林觉民冰心故居
② 严复故居
③ 天后宫
④ 国师苑
⑤ 王麒故居
⑥ 二梅书屋
⑦ 小黄楼
⑧ 水榭戏台
⑨ 欧阳氏花厅
⑩ 游客服务中心
⑪ 新四军办事处旧址
⑫ 林聪彝故居
⑬ 沈葆桢故居
⑭ 泔液境
⑮ 光禄吟台
⑯ 陈承裘故居
⑰ 唐城宋街遗址
⑱ 金斗桥
⑲ 光禄坊公园
⑳ 则徐小学
㉑ 林则徐纪念馆
㉒ 澳门桥
㉓ 安泰桥

图2-3-3 三坊七巷历史文化街区总平面图
（图片来源：陈志良 绘）

1270平方米，较小园林的如王麒故居，园林面积仅45平方米，为"方寸山水园"。

朱紫坊同"三坊七巷"一样，是自唐罗城之时开始形成的坊巷。流经三坊七巷和朱紫坊街区的安泰河，历史上是福州的护城河。据《榕城景物考》记载："唐天复初，为罗城南关，人烟绣错，舟楫云排，两岸酒市歌楼，箫管从柳荫榕叶中出。"朱紫坊街区有着河坊一体的特色，具有"一街水巷、河水荡漾、古榕苍髯、巷坊交错"的传统水巷风貌。街区内有多处私家园林，也是近代海军将士聚居之区，还有福州文庙等国家级文物保护单位。朱紫坊沿着安泰河一线展开，就有芙蓉园、萨氏故居、陈兆锵故居（今花园部分不存）、方伯谦故居（原有鱼池）等园林，其中芙蓉园更是福州四大名园之一。芙蓉园东通法海寺，北达朱紫坊，又有小径通府学里，旧时面积更大，花园巷即以此命名。

与三坊七巷和朱紫坊不同的是，上下杭的园林以会馆及其附属园林为主，形成了福州传统园林中独特的一个类型，并聚集于此（图2-3-4）。上下杭兴于明清，是闽江北岸"上四府"（建宁府、延平府、邵武府、汀州府）、闽江南岸"下四府"（福州府、兴化府、漳州府、泉州府）商客入省的居留地，拥有众多代表商业文明的会馆建筑，形成了独特韵味的滨水河

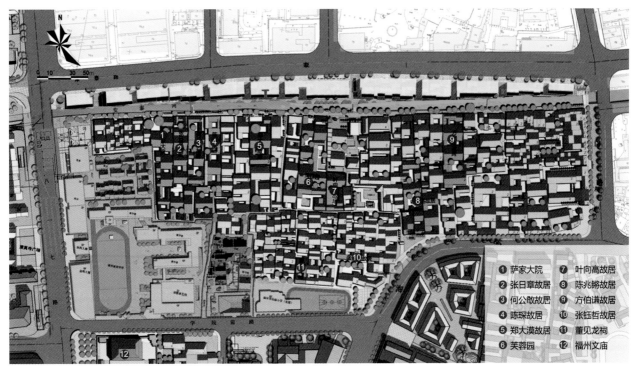

① 萨家大院　⑦ 叶向高故居
② 张日章故居　⑧ 陈兆锵故居
③ 何公敢故居　⑨ 方伯谦故居
④ 陈琛故居　⑩ 张钰哲故居
⑤ 郑大漠故居　⑪ 董见龙祠
⑥ 芙蓉园　⑫ 福州文庙

图2-3-4　朱紫坊历史文化街区总平面图
（图片来源：陈志良 绘）

岸公共空间。集中分布于上下杭的会馆园林恰恰打破了"市井不可园也"的说法，将便利的交通作为园林择址的依据。以上杭路建郡会馆为代表，位于上杭路与隆平路交叉口，依山而建，由戏台、酒楼、神殿等组成，后有花园（今不存），园中有文昌阁一座（原作书斋），在满足会馆功能的同时，形成一定的景观效果。

类似这样的片区还有福州打铁港的南公园历史风貌区（图2-3-5），作为明清时期重要的朝贡贸易区域，这里的驿馆建筑是福州古代海上丝绸之路的重要见证，可惜至今保留得不多。然而该片区却有历史上靖南王耿精忠的王府花园（今南公园），这是福州除西湖以外另一处由地方割据诸侯建立的花园。

图2-3-5 上下杭历史文化总平面图
（图片来源：陈志良 绘）

四、名镇名村和传统园林

福州城郊分布着众多的历史文化名镇名村，常与山水环境联系紧密，在村落形态布局与景观构成上均具有风景营造的特征，可以说一个村落即为一个大型的园林，如林浦、阳岐、螺洲、梁厝等。它们不仅注重耕读传家，历代人才辈出，还具有较高的风景营造水平。

一方面，这些村镇大多强调独特的山水格局，如梁厝村据记载为朱熹和梁氏五世祖梁汝嘉登鼓岭茶洋，于白云峰顶见闽江对岸状若展翅掠江吻海的苍翠小山，遂建议梁氏迁居于此（图2-3-6）。严复故居所在的阳岐村除了临江（乌龙江）、望山（旗山）的山水大观外，也

图2-3-6　梁厝村的梁氏宗祠
（图片来源：王文奎 摄）

如福州古城一样，村中也有所谓的"三山藏，三山现，三山看不见"格局。在公共性方面，古村落于村口、村尾往往分布有古树、古桥、古庙、古亭、古井、古堤等公共节点，风格质朴、景观生动、乡土气息浓厚，扮演着乡村公共空间的角色。这些名镇名村中，也散落着一些重要的私家园林，如螺洲陈氏五楼、阳岐玉屏山庄、洪塘石仓园（今不存）、胪雷陈绍宽故居等，以及坐落在融城镇中心的豆区园。这些村镇中还有耕读传家的书院园林，如林浦的濂江书院、螺洲的观澜书院等。

从这些名镇名村的整体性而言，风景营造与村落布局相协调一致，且多将园外的山水作为借景对象，将村庄融于自然山水的大环境中，相较于城内的私家小园，更体现了因地制宜、顺应自然。

第三章

私家园林

第一节　概述

　　一般而言，私家园林宅园合一，是园主的社会地位、财力、文化、审美、个性等要素的综合体现，又深受地理、气候、植被、造园材料等的影响，它既是一个地方园林中最为丰富的类型，也是最能反映地方造园特色的园林类型。

　　福州的私家园林起于宋代，繁盛于明清时期。据文献所载，福州私家园林的园主大多为当时的士大夫文人或达官显贵（表3-1-1），而且多有京城或江南一带为官为商的经历，深受中原文化和造园艺术的影响，有些园主在造园中就直接借鉴了江南园林的一些景致景点，如小黄楼、小沧浪亭。清后期对外贸易的发展和开埠后的西风东渐，福州也如广州一带，是较早接纳南洋和西方文化的地方之一，因此也常有糅合西风的元素。可以说福州私家园林既继承了江南文人园林的精髓，同时又兼纳了海洋文化的特色和要素。另外，福州既有岭南的四季温热、花果繁盛，又有类似江南的些许冬夏变化和春花秋叶，园林营造也大多就地取材，逐步形成了地带性的园林风貌。又由于福州城厢之中人多地少、宅地有限，园林面积普遍较小，较之江南园林的"咫尺山水"，福州私家园林更有"方寸山水"之说，然而园虽小，却高度凝聚了中国传统园林的造园艺术，形成了"以小见大"的一些极致的手法。所以福州私家园林无论从人文意境、造园风格、空间布局、材料应用、手法技艺等，无不体现了一些地方的特点。

　　作为具有特色的地域性园林，福州私家园林在风格流派隶属上并无相对明确的界定，以往的学术研究中，常将其归于岭南园林地域内进行讨论，但从造园风格、建筑形式等来看，又呈现出鲜明的江南园林基因。

福州私家园林园主一览表　　　　　　　　　　表3-1-1

园主	年代	园林	主要生平履历
陆蕴、陆藻	宋	陆庄园	秘书郎官
马森	明	钟邱园	户部尚书
徐𤊹	明	红雨楼	文学家、藏书家
曹学佺	明	石仓园	南京大理寺左寺正、广西右参议
叶向高	明	豆区园	南京礼部右侍郎、内阁首辅
许豸	明	涛园	任户部郎、浙江按察佥事
梁章钜	清	小黄楼	曾任江苏巡抚、广西巡抚，楹联大师
郭柏荫	清	郭柏荫故居	曾任浙江道监察御史
孙翼谋	清	水榭戏台	官至湖南布政使

续表

园主	年代	园林	主要生平履历
叶在琦	清	叶氏民居	官至安徽道监察御史
郭柏苍	清	沁园	藏书家、水利学家
刘齐衢	清	刘家大院	曾任浙江按察使、河南布政使
陈承裘	清	梅舫	官刑部郎中
尤贤模	清	尤家大院	闽商巨富
陈季良	清	陈季良故居	海军上将
何振岱	清	听雨斋	闽派同光体的殿军人物
陈衍	清	匹园	闽派同光体著名诗人
刘齐衔	清	刘齐衔故居	官至河南布政使
沈葆桢	清	沈葆桢故居	官至两江总督
林聪彝	清	林聪彝故居	曾任浙江衢州知府
刘冠雄	清	刘冠雄故居	历任海军总长、海军上将
林星章	清	二梅书屋	曾任福州凤池书院山长
林则徐	清	林则徐祠堂	官至两广总督
龚易图	清	三山旧馆、双骖园、芙蓉园	官至广东布政使、湖南布政使，同光派代表人物
萨镇冰	清	萨氏民居	海军上将
吴继篯	清	半野轩	大盐商吴氏
小荔湾	清	邱景湘	任广东惠潮嘉兵道道台
王寿昌	清	光福山房	福建省交涉司司长
陈宝琛	清	陈氏五楼	末代帝师
叶大庄	清	玉屏山庄	曾任靖江知县、邳州知州
林枝春	清	磴园	曾任福州鳌峰书院山长
邓拓	民国	第一山房	杂文作家

第二节　私家园林类型

　　福州私家园林根据选址位置的不同，大体上可分为坊巷内的私家园林、附山的私家园林和城郊的私家园林。

一、坊巷内的私家园林

坊巷内的私家园林分布于福州城内，主要以宅园的形式存在，总体上体现了"宅以礼立""园以趣生"的特点，小黄楼、王麒故居、林聪彝故居、刘家大院、水榭戏台等园林皆是其中典型代表。园林依附于邸宅，四周以建筑、墙体围合，与住宅空间紧密结合，呈"庭园"的布局模式。由于宅第用地较为局促，坊巷内园林面积不大，多在半亩之下，有的甚至更小于一分之地。园虽小但各要素皆齐备，讲究空间布局，巧妙地将假山、鱼池、花木融萃成景，不失美感。同时，园林还与坊、巷共同结合构成富有情趣的园林空间序列，譬如南后街，串联三坊七巷，三坊七巷则起到进入宅园路径的前奏作用①。

坊巷内的私家园林，主要集中分布在三坊七巷和朱紫坊历史文化街区（图3-2-1），幽静、曲折的坊巷为园林的先导空间，在形式上类似苏州艺圃，在进入园林前需要左回右转经过一条狭窄的曲折夹道，丰富了空间层次。此外，二梅书屋、郭柏荫故居、刘家大院、尤氏民居等小型宅园均位于巷道边上，也提供了不经过宅门即可入园的机会。小黄楼、林聪彝故居、王麒故居等大型宅院往往横跨两个巷道，园林呈串联状，提供了从前后门不同方向进入园林的不同空间体验。对比江南园林，坊巷内的私家园林，以网师园为例，园林的入口与出口分别位于阔家头巷和网师巷，巷子同时也作为园林的边界，与福州私家园林一样，均是镶嵌于街巷环境之中。从"园""宅"交通空间的表达来看，福州私家园林由宅及园的游线和江南私家园林较为相同，先以住宅空间序列作进园前奏，再通过光线明暗、空间大小营造入园前后变化，但不同的是江南私家园林的入园更讲究曲折迂回，多个入口也使游线趋于连续性、多样性。

二、附山的私家园林

附山的私家园林形式一般为草堂、别业、园墅，多位于近城郊山林，以近于三坊七巷、朱紫坊的乌山、于山为多。由于所处山林地势多变，洞门多设在与山径相通之处，便于游访。园林的布置更多因山势制宜，据山水地形展开布置经营，除建筑小品外的园林要素，人工痕迹较少，皆出于自然，使园林有"宛自天开"之感，"山有泉，园因以为清池。山有岩洞，园因以为宴休之所。山有高阜，园因以为临眺之区。山有题名石刻，园因以为碑板，山有长松美（木），园因以为林苑，经营布置，悉出自然。"②依山置园，尽可能利用高处地形，

---

① 郑玮锋. 福州三坊七巷第宅园林研究［D］. 福州：福州大学，2014.

② 郭柏苍，刘永松. 乌石山志［M］. 福州：海风出版社，2001.

强调借景，建置亭、台于其上，以眺望远山、闽江等景致。

乌山旧有涛园，为明代许豸别业。清潘耒《涛园记》载："福州城中凡三山，乌石山最大。环山而为寺观、园亭者数十，许氏涛园最胜。园之门径在山足，若堂、若亭、若廊、若榭，错布乎山之肩腹，极于绝巅而止。"并形容园居之乐道："不知家之为园欤，园之为家欤；不知山之在园中欤，园之在山中欤。"（图3-2-2）

于山北麓曾有福州著名的藏书楼——红雨楼、绿玉斋，主人徐𤊺、徐𤊹为明代文学家。红雨楼位于二徐的住宅之后，楼周环种数十株桃花；绿玉斋位于红雨楼东南侧山坪上，惟竹最繁。[①]徐𤊹《绿玉斋自记》记述道："红雨楼之南，有园半亩，中有小阜，乃构斋于山之坪。"今观巷33号古莲寺西边尚存有一处修缮后的附山园林，也名红雨楼斋馆，位于于山山脚，其旁为于山登山巷道。园内假山依附于山脚山势，上下富有高差变化，与楼阁相连，环境清幽，抬头即是于山景色，楼阁后部还有巨石嵌于屋中，与于山宛如天然一体。

时至今日，由于大部分的山地逐渐开放，更多地成为山地公共园林或者风景名胜，原先很多附山的私家园林也逐步成了一些景点，如乌山的涛园、通德园，以及四大名园之一的双骖园等。

三、城郊的私家园林

城郊的私家园林多分布于湖畔、山林风景优美的地方，多池馆、山庄形式。相较坊巷内的私家园林，城郊的私家园林面积较大，布局不受宅第建筑形制的限制，较为自由，如福清的豆区园。城郊的私家园林花木种植数量也相对较多，果树也多，尤以地方特有的龙眼、荔枝居多。作为居于山水的胜地，它们通常会有较好的借景条件，使园林介于山水的大环境之中。如三山旧馆（今西湖宾馆），也称环碧轩，毗邻西湖，于园中楼阁可见西湖、屏山景致（图3-2-3）；洪塘石仓园，借景妙峰寺、闽江、江村渔火，未建园之前的石仓山上便有成片的松林、荔枝林；阳岐玉屏山庄，选址得宜，环玉屏山而建，后花园地势自低至高，高处可远眺闽江之景；螺洲钟园位于陈氏宗祠东侧，园内有景观建筑"船屋"位于水池一旁；梁厝三翁堂，即梁氏家祠，后花园设有小桥水池，园外面朝闽江与乌龙江的交汇处，江潮涨落、千帆历尽。

① 王铁藩. 闽都丛话［M］. 福州：海潮摄影艺术出版社，1995.

图3-2-1 三坊七巷是福州传统私家园林最集中的区域
（图片来源：王文奎 摄）

图3-2-2　两山两塔及山麓下的园林宅第
（图片来源：哈佛大学燕京图书馆藏）

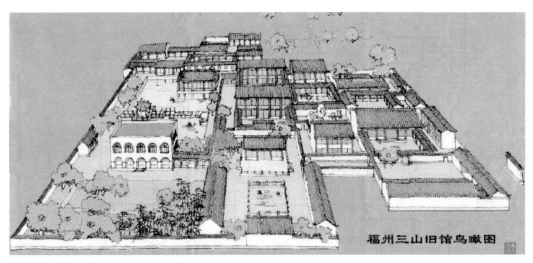

图3-2-3　三山旧馆
（图片来源：《福州古厝》采自含晶后人《忆福州三山旧馆》）

第三节　造园艺术

一、布局

1. "园" 与 "宅"

福州传统私家园林，宅园合一，即住宅建筑和园林共同构成的居住形式（图3-3-1），尤以三坊七巷、朱紫坊等坊巷内的园林为典型代表。整体布局以宅为主，园为辅，宅第面积多不大，且园林远不及建筑在宅第中的比重，大多园林只有百来平方米，甚至更小。这些园林注重实用性，不仅作日常游憩之用，更是日常会客读书唱酬的场所，生活空间与园林空间信步可达（图3-3-2）。此外，福州宅第中还有园林化的庭院小景，多位于院落天井空间内，或布置花台盆景，或依墙置石，使整个天井庭院情趣盎然（图3-3-3）。

图3-3-1　三坊七巷林聪彝故居园林（榕树处）隐于宅园一角
（图片来源：黄晴 摄）

图3-3-2 水榭戏台的庭园
（图片来源：黄晴 摄）

图3-3-3 严复故居的天井
（图片来源：许航 摄）

　　潘谷西先生将中国传统园林的理景艺术，按照其规模和特点分为庭景、园林、风景点和风景名胜区。其中庭景为建筑物的外部附属空间即庭院，人工创造的自然景观依附于建筑物，没有独立性；园林则是在一定范围内可独立使用的自然景观区域①。因此，福州的私家园林也可分为独立园（园林）和附属园（庭景）两类。三坊七巷中衣锦坊的水榭戏台、黄巷小黄楼东园、安民巷的鄢家花厅、光禄坊刘家大院花厅、朱紫坊的芙蓉园等是为独立的园林，而大多数宅园如南后街王麒故居花厅、叶氏民居花厅、文儒坊尤氏民居花厅等为庭景园②。这也显示了福州传统私家园林，尤其是城区内坊巷中的私家园林，由于空间有限，宅园合一的关系更为密切，是人工营造的自然景观与建筑高度融合的体现。在这些庭园中，甚至很多建筑的楼梯都是与假山石阶合二为一的，成为上楼的不二选择，比如水榭戏台、小黄楼等，这既是福州私家园林方寸山水园林的重要造园特点之一，曾意丹先生还认为这是福州传统私家园林强调"天人合一"的重要写意手法。

　　受传统礼制的影响，福州宅第空间上强调轴线与对称，常分为东、中、西三路，形成层层递进的院落布局。园林则作为住宅的延伸部分，通常置于宅第的跨院中，位于宅侧或轴线端部，形成宅第平面构图上的均衡。根据园林与建筑的位置关系，福州私园大致可分为后园型、侧园型和混合式三种布局形式（图3-3-4）。③后园型指住宅大多设于前院，园林则设于后院，两者相对独立，各自成区，坊巷中如二梅书屋，城外有玉屏山庄。侧园型指设于住

① 潘谷西. 江南理景艺术 [M]. 南京：东南大学出版社，2001.
② 严龙华. 在地思考：福州三坊七巷修复与再生 [M]. 南京：东南大学出版社，2023.
③ 阙晨曦. 福州古代私家园林研究 [D]. 福州：福建农林大学，2007.

二梅书屋（后园型）　　郭柏荫故居（侧园型）　　小黄楼平面图（混合式）　　芙蓉园平面图（混合式）

图3-3-4　福州私家园林布局示意图
（图片来源：许航 绘）

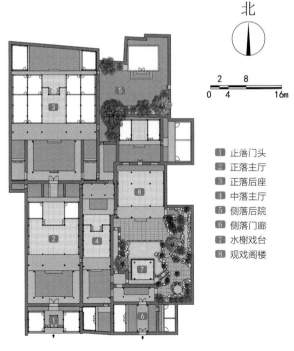

北

2　8
0　4　16m

1 正落门头
2 正落主厅
3 正落后座
4 中落主厅
5 侧落后院
6 侧落门廊
7 水榭戏台
8 观戏阁楼

图3-3-5　水榭戏台平面图
（图片来源：王帅 绘）

宅的侧旁形成跨院的布局方式，多分布于坊巷的私家园林中，例如水榭戏台位于邸宅以东，是宅院中的点睛之笔，戏台建于园中醒目位置，墙东置亭，与听戏楼互对（图3-3-5、图3-3-6）。混合式，指部分宅第中建置有两座园林，同时出现侧园或后园的布局形态。混合式的代表园林有小黄楼、芙蓉园。小黄楼西花厅以跨院的形式与宅相邻，东花厅位于宅第后区，形成东、西两园；芙蓉园则前后花园以过道衔接，增加空间意趣。

2."园"与"景"

福州私家园林的营造除了满足日常生活需要，也为了追求林泉意境，凿池叠山，栽花种树，缩摹自然山水于方寸宅园中，以达到居身城市而享山林之乐的目的。要在一个微缩空间内将建筑、假山、花木、水池等要素融萃成一个整体，创造出"方寸山水"的景致，这就需要造园者通过各种手法来解决园内空间、尺度、视角、游线等问题。福州私家园林最基本的布

图3-3-6　水榭戏台俯视图
（图片来源：王文奎 摄）

局方式是：以假山、水池、花木形成全园的观赏和活动中心，与花厅形成对景，并以假山上的蹊径、雪洞以及亭、廊等将园林衔接，形成可居、可游的境地。同时，福州私家园林在空间和造景上采用对比、抑扬、尺度、层次、对景、借景等丰富的造园手法，使方寸园景能达到以小见大、以少胜多的效果。

（1）对景与借景

福州私家园林建筑多为主要观景点，隔水对山而立的形式，是最常用的构景方法，与苏州园林颇为相似。因园林面积较小，建筑既是观赏点又是观赏对象。如林聪彝故居方亭与八角亭、花厅互为对景，王麒故居民国楼与半亭互为对景。景物对景之间距离符合人最佳观赏视角，这样组织园内空间除了形成特别的俯借、仰借视觉效果外，还使极小的园林空间中景物布置不显得过于琐碎或拥挤，达到赏心悦目的效果（图3-3-7、图3-3-8）。相对于江南、岭南园林，福州园林观景点与观景物之间的距离更短，因而在方寸之地尽可能多地营造游览路线和观景点，从而扩大了空间感。

借景是园林的核心理法，《园冶》文中谈及"借景""借""藉"字目共有九处之多。平地而起的楼台是借景的主要方式，清代匹园园主陈衍《皆山楼记》记载了园中楼阁通过适当

图3-3-7　林聪彝故居观景点
（图片来源：许航 绘）

抬升视点、增加楼距、降低围墙高度等方法以借园外景色，使园林"虽在里巷阗溢，屋宇鳞比中，吾自有不阗溢鳞比者"。福州私家园林大多位于城区，因规模小故借景更多采用外借手法，将坊巷外美好的景象"借入"园中。古时乌塔、白塔为城中最高建筑，双阙互对，三山两塔于城中十分醒目。坊巷中亦可见双塔之景，清梁章矩《楹联丛话》有"三山如列鼎，双塔如卓笔，一阁领其胜"。今小黄楼东园可远望乌山之景，福州商务总会将上下杭坊巷之景借入，远望是街市坊巷风貌，别有风情（图3-3-9、图3-3-10）。大多数坊巷内的私家园林，常会在其精巧假山石壁上设置半亭、角亭，也可在方寸庭院中一窥园外的风景。

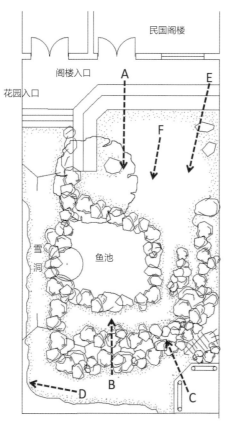

民国阁楼

阁楼入口 A

花园入口 E

F

雪洞

鱼池

D

B

C

王麒故居园林平面图

A点观景

B点观景

C点观景

D点观景

E点观景

F点观景

图3-3-8 王麒故居观景点
（图片来源：许航 绘）

图3-3-9　水榭戏台的花厅二楼远借乌山景色
（图片来源：许航 摄）

图3-3-10　福州商务总会借上下杭坊巷景色
（图片来源：许航 摄）

　　镜借也是福州私家园林中常用的借景手法，水池多保持开朗，与假山、花木、石桥、天空等形成借景。如林聪彝故居于墙角堆叠假山，四周以院墙封闭，水池不种植荷花、睡莲等水生植物，留出水面，使天空云霞、山亭树影倒映水中，为园中增加空间和景物。

　　（2）对比和衬托

　　对比和衬托是福州园林空间处理上不可或缺的艺术手法，也是实现在"壶中天地""小中见大"的重要途径。对比手法是将具有异质性的不同因素相互比较，突出各自特点，强调主从关系，达到相辅相成、相得益彰的效果。福州古典园林在空间开敞和幽闭，体量的大小以及虚实、明暗等方面多采用对比手法。

　　在构园空间和行进线路上，常采用"欲扬先抑"的手法。即使仕方寸之园中叠石筑山，也会营造山石内外昏暗与明亮的对比。当从昏暗空间进入明亮空间时，会形成强烈的空间尺度差异，使得园林空间有放大之感，令人印象深刻（图3-3-11、图3-3-12）。福州私家园林中多用墙垣、屋宇、假山和花木、池沼灵活组合，通过不同要素之间的空间变化形成强烈对比，打破单调的空间氛围，丰富人的感官。例如二梅书屋水池一面为假山，一面为花厅楼阁，从规整的花厅进入园林中，自然情趣呈现于前，气氛转向活泼。林聪彝故居从假山雪洞中穿梭到轿厅假山楼阁中，空间尺度和景物不断变换，丰富了游赏体验。

　　衬托手法多用于衬托主题，能够达到主次分明、小中见大的效果。王麒故居假山边缘姿态峥嵘，如似悬崖峭壁，使假山轮廓造型在整个园中格外鲜明。二梅书屋以"粉壁为纸，山形轮廓为绘"，用假山、植物、白塔小品营造了一幅福州自然山水画（图3-3-13）。

　　（3）景深和层次

　　福州园林注重形式和意境上的布局层次，避免由于空间局限造成一览无余的弊病。"景贵乎深，不曲不深"，迂回曲折的布局可以增加园林空间景深程度。在三面环墙的园林空间增加园景深度是很有难度的，园主在布置假山时多使山石花木附墙而立，前景稍加植物遮挡，避免视线将假山整体以及墙面一览无余，以此模糊边界感来增加深度感；假山内的雪洞也是福州私园增加空间深度感的办法之一，如林聪彝故居园林假山与南墙天井空间假山之间以雪洞相通，两个空间贯通，婉转迂回，似连结一体。

空间相互穿插、贯通也是增加景深空间和层次重要的手段。相邻空间呈半隔开状态，房屋、山林穿插，相互衬托，远望过去山林、房屋层层推高，给人景外有景的印象。小黄楼东园从"小沧浪亭"向北远望，在树石、藤花吟馆背后还有"百一峰阁""榕风楼"作背景，层次重叠高远（图3-3-14）。

图3-3-11 林聪彝故居雪洞曲折、明暗
（图片来源：黄晴 摄）

图3-3-12 豆区园雪洞看外景
（图片来源：黄晴 摄）

图3-3-13 二梅书屋粉壁山水画
（图片来源：黄晴 摄）

图3-3-14 小黄楼东园景致层次起伏
（图片来源：许航 摄）

二、理水

中国园林中的理水，是艺术地再现自然风景中的江河湖泊景观。"水本无形因器成之"，中国传统的理水造园手法是对水进行组织园景，着重在池、岸等的处理，而不在于水本身，再配合山石花木亭阁等形成不同的园景，为园林平添生气。

福州位于闽江入海口，城内内河水系众多，清代《榕城考古略》有"城内之河萦回缭绕，与大江潮汐通"之记载。福州三坊七巷处于脉络发达的水网中，因而三坊七巷私家园林水池多为活水，连通坊巷外的安泰河。朱紫坊一代的私家园林大多沿内河建置，直接引内河之水入园。福州私家园林理水意境表达和江南私家园林较为同源，即注重水与人精神之间的互动，具有丰富的内涵，如郭柏苍《沁泉山馆记》："辛已秋，于岩间掘泉，以之瀹茗，沁人心脾。"林豫吉《李允揆招集环碧轩观梅》诗："倚檐影逐双堤倒，水面春生一镜案。"更有梁章钜寄情于小黄楼东园的潀囷沼，表达"悠然濠濮意，想见沧浪清"的隐逸感慨。

1. 理水布局

福州古代私家园林的规模较小，因而理水多以"池"形式为主，池形以半自然的形式为主，总体是以半月、半弧的形状进行演变，讲究"曲""方"之间变化，保持形状的前提下，顺其方形增加曲意，以进退有致的叠石驳岸和石矶、水涧柔化池岸。如二梅书屋、刘家大院水景平面呈现半月形，小黄楼西园、刘冠雄故居平面呈方形。部分园林会采用规则式池形，如叶氏民居、陈绍宽故居等；少数运用自然式池岸形状，如福清豆区园，池形弯曲（图3-3-15）。水池多采用叠石岸和驳石岸相结合的方式，池形规整而又充满变化。临近花厅一侧多为驳石岸，直立池壁，能够节约园林用地，同时使水面显得宽敞明亮。临近假山一

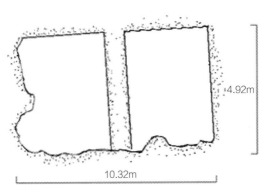

半自然式——小黄楼西园

图3-3-15　福州私家园林部分水池池形
（图片来源：许航 绘，黄晴、许航、王文奎 摄）

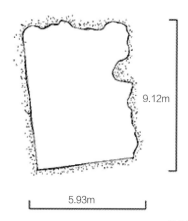

半自然式——小黄楼东园

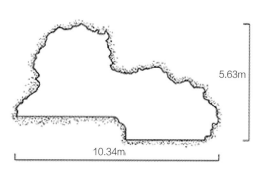

半自然式——林聪彝故居

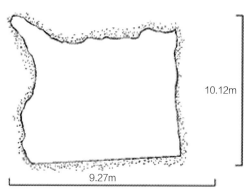

半自然式——水榭戏台

图3-3-15　福州私家园林部分水池池形（续）
（图片来源：许航 绘，黄晴、许航、王文奎 摄）

半自然式——芙蓉园前花园

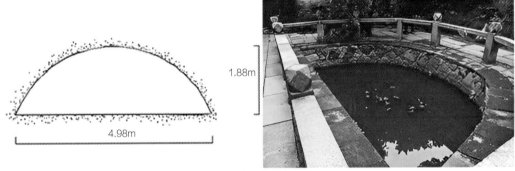

规则式——叶氏故居

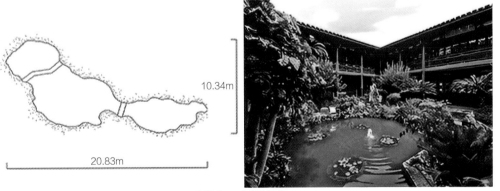

自然式——林则徐祠堂

图3-3-15　福州私家园林部分水池池形（续）
（图片来源：许航 绘，黄晴、许航、王文奎 摄）

侧叠山石，池岸形状较驳石岸更为活泼自由，使得池岸曲折富有变化，不显得呆板生硬，如小黄楼西花厅、林聪彝故居、芙蓉园等皆采用此法。福州私家园林以山水作全园的骨架，假山作观景主景，用以改善用地不足，并为成景提供有利环境。园林中常采用以水适山的理水方式，水位一般低于池沿许多衬托主景假山高大，池岸植物虽少但显水面开阔，咫尺空间将山水结合，山水相映。少数园林以水池为中心形成园中风景，如林则徐纪念馆、福清豆区园，豆区园中水系萦回蜿蜒，与明清时期江南园林的湖泊型颇为相似（图3-3-16、图3-3-17）。除园林之水以外，福州宅园中还采用点状式的理水形式，包括鱼缸、山石池等形式，分布在庭院中，如谢家祠水缸、小黄楼东园"浴佛泉"等（图3-3-18、图3-3-19）。

图3-3-16 芙蓉园鱼池叠石岸与驳石岸相结合
（图片来源：黄晴 摄）

图3-3-17 豆区园叠石岸
（图片来源：许航 摄）

图3-3-18 谢家祠水缸
（图片来源：王文奎 摄）

图3-3-19 小黄楼东园"浴佛泉"
（图片来源：黄晴 摄）

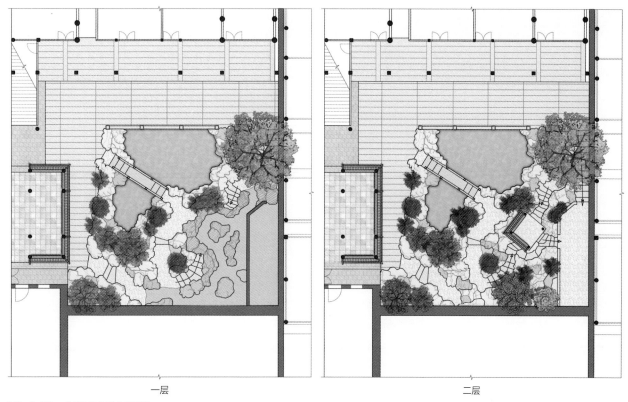

一层   二层

图3-3-20 尤氏民居园林平面图
（图片来源：王帅 绘）

2. 源流处理

计成在《园冶·相地》中也总结："卜筑贵从水面，立基先究源头。疏源之去由，察水之来历。"理清水源的来龙，梳理水系的去向对于造园布局来说是首要之事。"疏水若为无尽，断处通桥"。福州私家园林池面空间局促，本无架桥之需，但为达到梳理水源、以小见大的目的，也喜好使用架桥的手法营造水源之感（图3-3-20、图3-3-21）。福州私家园林中的桥主要有平桥、拱桥、曲桥、廊桥等几种形式。相较公共园林，私家园林中桥的体量较小，一般来看很是袖珍（图3-3-22）。桥的形式主要考虑桥身和水面的关系，高低大小视水面大小而定。如豆区园池面开阔，故采用曲桥的形式达到分割水面的效果，水榭戏台、刘齐衔故居离水面距离较远，用平板石桥使桥身与环境相协调。景桥常搭在水池尽端或再加以低矮空间遮挡或种植花木，营造水源之感、无尽之意，尤氏故居、林聪彝故居、水榭戏台也皆采用此法。桥也可营造水景意境，使园林意境更加深远，小黄楼的知鱼桥正面刻有"知鱼

图3-3-21 尤氏民居园林中平桥分隔水面
（图片来源：许航 摄）

乐处"，引自庄子知鱼乐一文，给园林平添了浓厚的哲学意味。可以说福州私家园林在尽端源流的营造上受江南私家园林的影响较大，诸如桥、深涧等，虽在岭南私家园林也有类似做法，但形式上更迎合建筑形态，并无过多自然水源感。

利用假山石矶镂空营造出水涧也是福州私家园林营造水源的重要手法，如王麒故居、小黄楼西园、萨镇冰故居等。远望漆黑一片，水面似乎并非只有园中所见的一小方水池，更似有活水从水涧慢慢涌来，从感知上扩大了水面空间，规模稍大的园林则以山石点缀做驳岸石矶，譬如芙蓉园、小黄楼，使规整的水池显曲折之感（图3-3-23、图3-3-24）。

小黄楼拱桥
（图片来源：许航 摄）

芙蓉园廊桥
（图片来源：许航 摄）

林聪彝故居石拱桥
（图片来源：王文奎 摄）

豆区园平桥拱桥相连
（图片来源：许航 摄）

光禄吟台石梁桥
（图片来源：王文奎 摄）

梁厝三翁堂石拱桥
（图片来源：林箐 摄）

图3-3-22 各类小桥营造出水的源头感

图3-3-23 王麒故居池岸底部做深涧
（图片来源：许航 摄）

图3-3-24 小黄楼石矶底部成源头
（图片来源：许航 摄）

三、叠山

园林中的山石是对自然山石的艺术摹写，假山既师法于自然，又凝聚着造园家的艺术创造力。《园冶》中提到的"片山有致，寸石生情"，园林中的山石除了兼备自然山石之形胜外，还具有传情的作用。[①]

福州古代园林深受江南私家园林和文人艺术影响，利用地方性的材料，堆叠出山水意境，形成具有地方特色的掇山置石寄情山水。何振岱有《盆山记》云："昔人有居门圈圜而志山林，辄作小山寄意，是可效而为之。"[②]与江南园林假山追求奇秀变化不同，福州私家园林假山更偏重在最小的空间中体现变化和层次，多在立面上以"粉壁理石""以景成画"的营造方式体现山水乐趣，其工艺精细、轻巧活泼，造就福州园林独一份的美感意趣（图3-3-25）。

1. 假山的选石

福州私家园林叠山以海礁石为代表。海礁石，又称海蚀石、珊瑚石、咕咾石，为高出海面的礁石经风化、侵蚀等作用形成，呈灰黑、暗紫色，闽地沿海盛产，加工后常作建筑、叠山材料。海礁石常年经受海水浸蚀，表面皲裂形成若干罅隙，常为窝洞状，多空穴自生，表面有海蛎、贝类镶嵌其中，质量饱满，波光粼粼，使海礁石所堆叠的假山充满海洋风情。其不仅有着不逊于太湖石般"瘦""皱"之美，还具有轻、脆的特点，且石材纹理易于相接，

---

① 彭一刚. 中国古典园林分析［M］. 北京：中国建筑工业出版社，1986.
② 刘建萍. 诗人何振岱评传［M］. 北京：人民出版社，2014.

图3-3-25　二梅书屋的假山
（图片来源：王文奎 摄）

黏结性能好，便于造型（图3-3-26）。[1]但由于其石质松脆，抗压性、硬度差，也较难形成大体量的假山，常需要借助墙垣、石柱、石梁做结构支撑。

虽远离江浙，福州也偶有用太湖石叠山。太湖石是指产于太湖周边的石灰岩，以苏州太湖洞庭西山一带的湖石为著。南宋至明清时期，苏州的盐商有很多来闽做生意，海路须走外洋货船从苏州返榕时，为压重船舱以减轻船体颠簸，便运来了不少太湖石。[2]同时，福州文人为官于江南一带，这些文人退隐返乡以后，模仿苏州园林之造园风格，喜好使用太湖石经营假山。清代文人梁章钜曾任职于江苏一带，修复过沧浪亭、可园，在小黄楼的假山营造上运用了部分太湖石，颇具江南园林色彩；晚清龚易图的芙蓉园以水石景致取胜，园中旧有太湖石十余挺，造型奇异，透瘦多姿。光福山房假山也以太湖石垒砌成狮状，名曰"狮山"。

除了海礁石和太湖石，福州传统私家园林中也偶有石笋石、珊瑚礁石、英德石等，但是数量非常少。部分私家园林的造山石材较为杂乱，如王麒故居假山由英石、海礁石、花岗岩、笋石等多种石材构成，可以说是一座"杂石"假山。需要特别指出的是福州私家园林中

① 何司彦. 海礁石掇山置石造园艺术区域差异性比较研究 [J]. 中国园艺文摘，2017，33（3）：107-111.
② 卜复鸣. 园林假山系列：假山的选石 [J]. 园林，2005，2（2）：28-29.

图3-3-26　典型的海礁石
（图片来源：许航 摄）

图3-3-27　海礁石和泥塑
（图片来源：许航 摄）

大量使用泥塑和海礁石结合，颜色和材质肌理非常相似、高度融合。如高氏文昌阁石峰采用灰塑之法营构，以灰泥与石材混合制成，其他如王麒故居、林聪彝故居、小黄楼等大多数园林的假山，大多有采用这样的方法，也形成了福州私家园林假山空透、轻巧、占地空间小、层次丰富的特点（图3-3-27）。

2. 假山的类型

《园冶》共罗列了八种假山类型[①]，包括园山、厅山、楼山、阁山、书房山、池山、峭壁山、内室山。福州私家园林由于场地有限，大致分为厅山、园山、阁山、泥塑壁山四种类型，而园山也只有在较大的园林中才有，且多和墙垣结合，以节约占地空间。

（1）园山

《园冶》"园山"一节中说："园中掇山，非士大夫好事者不为也。为者殊有识鉴。缘世无合志，不尽欣赏，而就厅前三峰，楼面一壁而已。是以散漫理之，可得佳境也。""园山"在整个园林中占有显要位置，为控制全园气氛的假山。[②]园山只有在一些规模稍大些的宅园中才有出现，起到组织游线和园林空间的作用。现存的福州园林"园山"以林聪彝故居、芙

① 陈植，计成. 园冶注释［M］. 北京：中国建筑工业出版社，1981.
② 魏菲宇. 中国园林置石掇山设计理法论［D］. 北京：北京林业大学，2009.

图3-3-28　林聪彝故居园山
（图片来源：王文奎 摄）

图3-3-29　尤氏民居园山
（图片来源：王文奎 摄）

蓉园、豆区园、尤氏民居等园为代表（图3-3-28、图3-3-29）。如林聪彝故居以假山游线为观赏路线，通过紧密衔接的空间序列使人产生不同的感官体验。尤氏民居于民国楼观山，环壁之中假山高耸，山水花木亭相互映衬，自然雅趣。福州私家园林园山也大多和厅山一样与院墙组合在一起，虽不具江南私家园林园山分隔平面空间的功能，但一样都增加了假山的起伏感，使园景空间结构十分富有层次感。

（2）厅山

《园冶》"厅山"中说："人皆厅前掇山，环堵中耸起高高三峰排列于前，殊为可笑。加之以亭，及登，一无可望，置之何益？更亦可笑。以予见；或有嘉树稍点玲珑石块；不然，墙中嵌理壁岩，或顶植卉木垂萝，似有深境也。"在其看来，厅前种植以嘉木，加之以玲珑石块修饰；又或者在墙中堆叠假山，顶上种植花木，营造出一种令人意味深长的意境，才是最好的"厅山"掇山手法。

光禄坊刘家大院南侧园林假山是现存福州私家园林中厅山的典型代表之一（图3-3-30）。整个假山借山石分隔空间，达到可观、可游的效果。中部临池堆叠山石成自然山体形状，与后部空间的假山、石峰形成空间层次变化。从花厅观景，以粉墙为纸，近山远山层层重叠，含蓄深邃。二梅书屋园林亦采用与刘家大院园林类似的布局形式。郭柏荫故居花厅前置有山石假山，山石布置较为散漫，假山内设小径雪洞，四周环植花木藤萝，以"墨池"点缀，穿行其中富有山林野趣（图3-3-31）。厅山还常作阁山与楼阁连通，如小黄楼西园、王麒故居，也是福州私家园林较为典型的假山类型。从厅山形式来看，福州、江南私家园林都为院落内的厅堂前掇山，不同的是福州私家园林是作主景，注重上下空间的游憩，而江南私家园林厅山多以小体量的山石叠砌，主要营造平面空间穿梭山石间的游线。

图3-3-30　刘家大院厅山
（图片来源：许航 摄）

图3-3-31　郭柏荫故居厅山
（图片来源：许航 摄）

（3）阁山

《园冶》"阁山"中说"阁皆四敞也，宜于山侧，坦而可上，便以登眺，何必梯之。"福州传统私家园林假山独特的创构在于：利用山石堆叠成各种形式的蹬道与楼、阁、亭相连，以山代梯登楼，既富有情趣，又能将园内空间有效联系。由于庭园规模小，蹬道较窄，并不能"坦而可上"，但其妙在善隐善藏，蹬道多"藏"于雪洞中，登顶处朝视线一侧多以石峰遮蔽，让人不见石阶。同时，为增强平坦空间内的曲折性，蹬道一般采用盘迂而上的形式。例如水榭戏台假山置于东墙一侧，与二层建筑听戏楼连接，堆叠的蹬道利用假山之势转折起伏，且以两侧山石作栏，似与假山浑然一体（图3-3-32）。这种假山和石阶结合登山至楼阁的做法，在福州传统私家园林中常见，小黄楼西园、王麒故居、萨氏故居中的园林假山亦都局部采用阁山的形式，并以廊、台形式连接楼阁。这是人工与自然高度融合，曾意丹先生称之为"天人合一"的重要体现，这也是福州私家园林假山的一大特点。

（4）泥塑壁山

《园冶》"峭壁山"：中说："峭壁山者，靠壁理也。藉以粉壁为纸，以石为绘也。"从《园冶》所述来看，福州私家园林的假山又大多可以称"峭壁山"，其假山多为贴壁布局，借园墙成景，讲求立面上的观景效果，稍饰花木，以形成山水画意境。常见理法是于水池、假山顶峰边缘掇石峰分别以示"近山""远山"，远望有峰峦叠嶂之感，这也是福州私家园林景深感营造的主要方式之一。泥塑壁山形式上与《园冶》中的"峭壁山"不同，江南、岭南私家园林"峭壁山"多为紧贴园墙，将山石处理成峭壁的形式，福州私家园林则是以灰塑绘成山形。

图3-3-32 水榭戏台阁山
（图片来源：许航 摄）

图3-3-33 王麒故居泥塑壁山
（图片来源：许航 摄）

泥塑壁山是福州传统园林突出的造园手法，于清代中期在闽地开始盛行，其特点是以沙、蛎壳灰、麻丝等材料调成灰泥，以砖为山形骨架，在上面刻画出山石质感、纹理以及色泽等。王麒故居、二梅书屋、刘冠雄故居、林聪彝故居的假山营造中皆运用了此法[1]。

福州私园泥塑壁山贴壁而塑，近看可以掩饰高大单调的壁面，远看可以增加景观空间层次，达到"咫尺之内便觉万里为遥"的艺术效果。王麒故居的泥塑壁山是三坊七巷私家园林中保存最完好、规模最大的一例，共有3处，壁山厚约3厘米，两处位于壁墙之上，一处位于雪洞之中。园主将园墙作蓝色示"天空"，将上下交错的假山石峰、泥塑壁山在立面上组景，形成独特的多层次山峦景致（图3-3-33）。

（5）雪洞

在福州的传统园林中，穿梭于山体和建筑中的石洞统称为雪洞，它是福州传统园林一项重要的特色和工艺技法。福州雪洞的营造目的主要分为两类：一是起到避暑的作用，针对福州炎热的地方气候，雪洞内壁上设有小洞若干个，运用自然通风的规律，使洞中气流回旋，再借以石之凉气，是宅院中不可多得的避暑佳地；二是起到空间的过渡与衔接，如二梅书屋（图3-3-34）、小黄楼西园以雪洞作为庭院进入园林的过渡段，洞穴空间狭长，增加了园林的穿梭感和景深感。王麒故居、小黄楼东园雪洞内藏有石磴，通至山顶，是竖向空间重要的联系空间；林聪彝故居雪洞是连通主园和轿厅的假山；刘家大院雪洞与入口通道相互贯通。福州园林雪洞技法在近代园林中亦有延续，上下杭采峰别墅以及福州商会园林假山皆有雪洞之踪影。

雪洞的做法是以糯米、石灰、三合土、红糖等混合而成的材料在壁垣上灰塑成大小不

---

① 曹春平. 闽台私家园林 [M]. 北京：清华大学出版社，2013.

一、奇形怪状的蜂窝状岩洞造型，峥嵘突兀，似钟乳悬挂，极具地方特色。画家从临摹真山中提炼出各种皴画法，以表现石的纹理在雪洞中各臻其妙（图3-3-35）。传统石匠则通过灰膏的堆塑，使得雪洞内拼镶缝纹理统一，浑然天成。洞体营造理念以表现"轻巧"的结构为核心，洞壁通常紧贴园墙，在结构上采用石柱石梁和灰塑结合的方法，类似扬州园林的"包镶法"，里面为砖柱结构，外面为石头，以尽量减少需要使用石料的数量，同时营造出轻盈灵动的假山景致。在假山材料的使用上也体现出这种叠山理念，如蓝宅花厅、林聪彝故居在假山内掺杂瓮、碗等器具以减轻山体重量（图3-3-36）。

图3-3-34　二梅书屋的雪洞和细部
（图片来源：王文奎 摄）

图3-3-35　林聪彝故居假山雪洞
中的石柱石梁和蜂窝状岩洞造型
（图片来源：黄晴 摄）

图3-3-36　蓝宅花厅用陶罐塑假山的工艺
（图片来源：福州老建筑百科）

　　在施工结构方面,《园冶》指出"理洞法,起脚如造屋,立几柱著实,掇玲珑如窗门透亮……洞宽丈余,可设集者,自古鲜矣! 上或堆土植树,或作台,或置亭屋,合宜可也。"福州传统的雪洞一般也有墙承梁结构、柱梁结构、挑梁结构、拱券结构四类。墙承梁结构以砖墙或山墙承载上部石梁、石板;柱梁结构以石柱梁为骨架承接石顶板;挑梁结构山石由洞壁两侧向中心悬挑伸出并合拢;拱券结构以块状山石为券石,形成拱顶,洞顶受力可很好地向洞壁两侧传力(图3-3-37)。

　　福州私家园林由于布局紧凑,空间受限,故雪洞起到连接建筑与外部园林过渡的重要作用。古人堆塑雪洞时,内部空间或大或小,在处理洞内光线明暗上别具匠心。如洞内漆黑一片,游者寸步难行,将无意进入。因此,匠人在设置洞壁洞口时以光线明暗的变化来渲染洞内空间的曲折、幽深,衬托其自然之情趣。以三坊七巷的小黄楼假山为例,由于在堆砌洞顶部及侧壁预留出了采光口,使得洞内外空气流畅,光线时明时暗,变化自然。为了防止雨水飘入洞内,假山采光口通常曲而折且外侧有挑石遮蔽。而小黄楼的部分采光口近邻水池,索性采用"落地式"(图3-3-38),借助光线在水面上的反射,增大洞内采光。

　　3. 假山的布局

　　福州私家园林假山多采用环堵堆塑的形式,多作上下层,靠园林的外围墙垣,内部"薄壁空腹",与亭廊巧妙组合,以雪洞、石磴衔接上下空间。假山的布局,在"巧"上下功夫,达到空间上以小见大的效果。

雪洞上部石梁、石板　　　　　雪洞挑梁结构　　　　　雪洞拱券结构

图3-3-37　雪洞结构
(图片来源:林箐 摄)

图3-3-38　小黄楼雪洞不同方向的采光空间
（图片来源：林箐 摄）

图3-3-39　小黄楼的假山具有丰富多样的空间和游线
（图片来源：王文奎 摄）

　　关于福州假山的布局特点，福州诗人何振岱有《假山》诗云："塑土为奇峰，得梯可升天。捣泥作峭壁，飞猿莫能登。中间有洞府，白昼飞流萤。下有一泓水，游鱼清冷冷。客来见之喜，泰华此雏形。迂翁独兴叹，可惜顽无灵。"诗之所述假山布局在小黄楼、王麒故居、刘家大院、二梅书屋等私家园林中均得到例证（图3-3-39）。

　　假山主景在层次上一般分为二至三层，第一层为环鱼池的石峰，第二层为山顶沿崖边缘布置的石峰，第三层为贴壁灰塑的泥塑壁山，峰石、泥塑壁山上下高低错落有致，前后左右互相照应，在空间视角上丰富假山的观赏性，形成峰峦叠嶂之景，层次起伏，再加之粉壁、花木、鱼池点缀，使人在如此小的空间中亦可有山石林木景深之感。可以说福州私家园林的假山通过对自然山水的高度提取概括，借鉴宋代郭熙《林泉高致》中的"三远法"（即"高远""深远""平远"），充分利用狭小的空间，再现了福州本土文人墨客对自然之美的感性认识。

　　"高远"——"自山下仰望山巅，谓之高远"。园林内假山多依山墙而建，山石面叠砌取向上之势，下部配一勺月池，上部半亭矗立，人立于山顶犹如陡崖高峰赏崖低渊池，驻足山脚好似身临峭壁仰视山巅。由于园内采用的山石为本地周边海礁石，其表面经流水侵蚀，富有自然风化的美感意趣。

　　"深远"——"自山前而窥山后，谓之深远"。假山叠石厚度由于受场地限制，山体较薄，为了表现山前望山后的进深感，常在山体内部筑一人见高的雪洞及山侧十几级一字石阶来增加山势的幽深，借以表达深山峡谷之意。此外，通过雪洞和上山石阶可以丰富游园路线，产生不同视点、视角的引景、借景，让片石潺水之地也能尽显自然之趣。

"平远"——"自近山而望远山，谓之平远"。传统绘画中常以此来表现群山错落蜿蜒的层次感，给观者以江山连绵、碧波荡漾之气势。在园林山水间，尤其福州私家院落用地紧张，想表现这壮阔之势更是难上加难，但古人的创造性是无穷的，福州匠师们在山石峰峦的间隙之中、在其背面的山墙上塑以山壁灰塑，使之与前部叠石形成近实远虚的透视效果。

福州私家园林假山多为主景，由于园林面积狭小因而游线多围绕假山展开布置。假山上的游线一般为三到四条，分别是：①假山底部围合鱼池形成的游线；②假山底部通过雪洞内石磴攀爬至顶部的游线；③假山内雪洞通往其他宅院的游线；④环假山顶部游览远眺的游线。所处位置不同，景观感官体验也不同，或登山越水，或穿洞入室，或俯瞰全园。四条游线牵引人在行进的过程中所览景致纷繁变化。较大的假山都会综合以上路线展开，假山外布置形式较为简单，几乎都是绕山池边缘，前景修饰石峰，花木增加层次感。假山内雪洞游线较迂回曲折，主要为了联系各景点，增加游览时长，添补自然野趣，吸引游人探奇、寻幽。

四、园林建筑

园林建筑在中国园林中兼具双重作用，既满足日常居住使用功能，又有观景、造景功能，常与花池树木有机融合，共同构成园景，局部景区中建筑还可以单独构成风景的主题。福州私家园林内的建筑不及江南园林的富丽气派，也不似岭南园林色彩艳丽，风格较为古朴素雅，但能根据地方条件，创造出具有福州艺术个性的建筑。福州私家园林中建筑类型的数量一般较少，通常为三到四种，以花厅（或楼阁）、亭、廊、台使用居多，远不及江南、岭南私家园林建筑数量。从整体建筑风格和建筑内陈设来看，多较为朴素。但整体色彩与江南私家园林较接近，以淡雅为主，顶配以黑灰瓦顶，内部多为木色，不似岭南私家园林建筑绚丽。

1. 花厅

前文所述，花厅及花厅园林是福州传统私家园林"宅园合一"的重要体现。花厅狭义上可指厅堂建筑，广义上更是指代含厅堂以及其他造园要素在内的整个园林，福州民间所指的花厅即为广义理解①，所以花厅常常成为福州传统私家园林中的主体建筑和主景。

花厅的方向以朝南为主，与住宅毗连较多，单座较少，常用歇山顶、硬山顶，屋坡平直，利于遮阳、排水。整体构造简易，体量较小，家具陈设较朴素，正面设门扇或直接不设任何分隔，讲求通透感。如林聪彝故居花厅，屋顶用歇山顶，作"四面厅"式，四面施落地长窗，檐下施垂莲柱，前檐出廊，设有月台，与对岸大榕树、半亭、假山互为对景，全园之

---

① 郑玮锋. 福州三坊七巷第宅园林研究 [D]. 福州：福州大学，2014.

图3-3-40　林聪彝故居花厅
（图片来源：许航 摄）

图3-3-41　二梅书屋花厅
（图片来源：许航 摄）

景尽收眼底（图3 3 40）；二梅书屋的花厅，则于四面设廊，廊柱间施鹅颈椅，装饰精巧华丽，与园景隔池而对（图3-3-41）；郭柏荫故居宅园的三间花厅，用硬山顶，厅内减去明间的前檐柱、前金柱，使空间更为宽敞。前厅不设隔扇，作"断口厅"式，减少了庭院空间闭塞感，园景就设于花厅之前。[①]

图3-3-42　福州传统园林中亭子的起翘（二梅书屋）
（图片来源：王文奎 摄）

2. 亭

亭是福州私家园林中最常使用的园林建筑，因其体型空透，具有较大的布置灵活性，是园景中重要的点缀。福州私家园林中的亭体量普遍较小，常见的形制主要有方形、五边形、六角形、八角形，形式多样（图3-3-42、图3-3-43）。亭顶有单檐和重檐之分，单檐亭居多，外形轻巧，高度与宽度多贴合假山体量，形成构图上的均衡。亭翼角做法近似于江南的"嫩戗发戗"，起翘颇高；有的还在封檐板转角处斜挂"角叶"，掩饰两板相交处的接缝，更具钩心斗角之势[②]。

由于宅园面积有限，半边形式的亭在

① 曹春平. 闽台私家园林［M］. 北京：清华大学出版社，2013.
② 曹春平. 闽台私家园林［M］. 北京：清华大学出版社，2013.

小黄楼西园临水二层半亭　　　鄢家花厅角亭　　　二梅书屋二层半亭　　　林聪彝故居二层角亭　　　芙蓉园三层半亭

陈季良故居独立亭　　　豆区园独立亭　　　陈绍宽故居八角攒尖亭

图3-3-43　福州私家园林多种多样的亭
（图片来源：黄晴、许航 摄，福州市规划设计研究院古建所 提供）

福州私家园林中最为多见，即亭嵌于墙体之旁或者墙角，一半嵌入墙中，呈围墙转角之势，远观亭只有一半。二层形制的半亭在江南、岭南私家园林中较少见，是福州私家园林具地域性特色的建筑形式。一层镂空作通道，二层则与假山顶连通，登山才可攀至亭中，如二梅书屋、林聪彝故居轩厅的半亭。芙蓉园东座内还有三层半亭"栘仙亭"，二层与假山石磴衔接，内有木梯可通至三层。坊巷内的私家园林中亦有独立亭，如尤氏民居、陈继良故居，体量较小，其中尤氏民居假山之上立一小亭点缀山景，布置精巧有致；陈季良故居六角亭位于楼前庭院，红檐彩柱，亭周围栽有花树，亭旁原有一座假山、鱼池。此外，独立亭多见于面积稍大的园林中，如豆区园集翠亭、光禄吟台追昔亭，均位于假山山巅，显山势之高耸；陈绍宽故居的独立亭位于后花园池塘边，亭四周环以沟池，并设平桥通行，应是南方园林为适应湿热气候特有的处理方法（图3-3-44）。①

① 曹春平. 闽台私家园林［M］. 北京：清华大学出版社，2013.

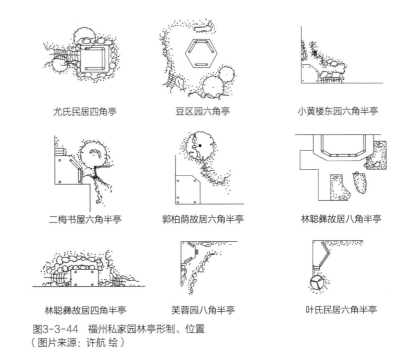

尤氏民居四角亭	豆区园六角亭	小黄楼东园六角半亭
二梅书屋六角半亭	郭柏荫故居六角半亭	林聪彝故居八角半亭
林聪彝故居四角半亭	芙蓉园八角半亭	叶氏民居六角半亭

图3-3-44　福州私家园林亭形制、位置
（图片来源：许航 绘）

3. 台

台既可指庭院中的台，亦可指叠石垒高或木架支高的上铺平板无屋建筑，或是从楼阁前走出一步的开敞空间。[①]台多筑于高处，方便赏景，福州私家园林中的高台建筑较少，现有三坊七巷刘家大院的高台与假山相连，使游赏者可以登高远眺园外光禄坊及更远的乌山景致（图3-3-45）。小黄楼东园也有宾月台与百一峰阁二层相通，不仅是全园的制高点，又可远眺园外的美景。园主梁章钜《宾月台》写道："台成月即至，月可称嘉宾。月高台亦高，台亦贤主人。中有主人翁，居然月前身。"王麒故居虽然只有方寸之园，但是也有中西合璧风格的"台"连接了假山和西式的楼阁。

4. 楼、阁

福州私家园林的楼、阁多为二层建筑，与岭南私园中的"高楼"较为相似，主要供登临眺望外景，二者皆因园小，进而在垂直空间上对建筑进行营造，不仅可以形成上下层游览路线，还可以使园景具有高低起伏的轮廓，形成开阔的视觉空间。如小黄楼东园百一峰阁距离地面三丈余尺，约10米高，古时可从园内远观城中三山两塔之景（图3-3-46）。梁章钜《退庵诗存》云："一阁领其胜，城中殆无匹。"水榭戏台听戏楼朝四周远眺，北望整个三坊七巷

---

① 沈福煦. 中国古典园林建筑欣赏：榭·台 [J]. 园林，2007（6）：12-13.

尽收眼底，南望则与乌山互对，再俯览园内，榭台假山花木聚散有序（图3-3-47）。陈衍故居中有皆山楼，"环楼皆山"，使"楼之能尽其才"。三山旧馆集民宅、祠堂、园林一体，有"志远楼晚眺"一景，傍晚登楼可观远山斜阳、飞鸟红霞、村落田野之景。

　　福州不少私家园林中会将二层设置为藏书楼，如小黄楼西园"芝南山馆"、陈氏五楼"还读楼""赐书楼""沧趣楼"，以及三山旧馆大通楼等（图3-3-48、图3-3-49）。晚清民国时期福州园林建筑受到西洋式建筑风格的影响，出现了福州本土建筑和洋式建筑合璧的楼阁形式，王麒故居（图3-3-50）、尤氏民居的民国楼，以及三山旧馆的白洋楼为其中典型代

图3-3-45　刘家大院假山与高台相连
（图片来源：黄晴 摄）

图3-3-46　小黄楼东园百一峰阁
（图片来源：王文奎 摄）

图3-3-47　水榭戏台听戏楼
（图片来源：许航 摄）

图3-3-48　陈氏五楼沧趣楼、还读楼
（图片来源：许航 摄）

图3-3-49　陈氏五楼赐书楼
（图片来源：许航 摄）

图3-3-50　王麒故居庭园与假山半亭互为对景的民国楼
（图片来源：许航 摄）

表，将园林中的山池花木与西洋的建筑进行巧妙地融合。

5. 榭、舫

榭，指建在高台上的建筑，后逐渐成为以亲水为目的建造的体态轻盈的建筑。位于三坊七巷衣锦坊东侧北口的水榭戏台是福州市现存唯一的院内榭建筑，坐北朝南，单层，方形，四柱单开间，九脊歇山顶似一只大鸟展开双翅，建筑刻有团鹤、蝙蝠等图案，是古时宅邸内喜庆宴会及看戏之地。水榭戏台面积30平方米，水池占地60平方米，戏台正对面为厅堂，上有阁楼，为观戏提供了足够的空间。同时戏曲还可通过水面以及墙堵的回声，使得乐音更加清脆敞亮（图3-3-51）。福州旧园中不乏水面较大者，譬如半野轩，水池约十余亩，园西北建有"锄非堂"，为临池水榭建筑，更有船停泊于岸。三山旧馆池畔建有"微波榭"，可观碧波荡漾、荷花满塘之景。

舫类建筑分为写实和写意类型。写实型为模仿真船舫，追求形体上的高度相似；写意型则指建筑从造型很难看出船舫的形象，一般通过环境烘托、暗示等手段，使人产生一种身处画舫、水波荡漾的意境美。福州私家园林舫多为写意型的临池建筑。刘家大院有陶舫，芙蓉园北座建置有亦陶舫，刘齐衔故居临池建有写意舫，开窗即可观园中山水（图3-3-52、图3-3-53）。

图3-3-51　水榭戏台
（图片来源：许航 摄）

图3-3-52　芙蓉园亦陶舫
（图片来源：许航 摄）

图3-3-53　刘齐衔故居写意舫
（图片来源：黄晴 摄）

6. 廊

　　廊是园林建筑间的联络物，风景的引导线，也作为其中一种停留观赏园景的地方。福州气候炎热潮湿，园林中的廊能够起到很好的遮阳避雨的作用。受地形限制，福州私家园林的廊较平直，与《园冶》所述江南私家园林的廊应"宜曲宜长则胜"有较大差异。为弥补这一缺失，通常会将廊与雪洞、亭等结合，丰富游览空间。如郭柏荫故居，廊与花厅、方亭结合。小黄楼东、西园廊分别与亭、雪洞相结合。与江南、岭南私家园林划分空间、增加景深的廊功能对比，福州私家园林中廊更多起到围合空间之用，将要素组织在一起或作要素之间的过渡空间。如林聪彝故居以单面廊将假山、八角亭、花厅联系在一起（图3-3-54）；小黄楼西园以三面回廊围合空间（图3-3-55）。

　　福州私家园林中的廊按形状可区分为复道廊、单面廊、覆龟亭。复道廊，上下皆可行

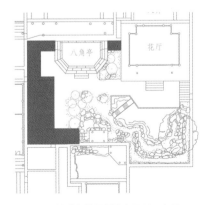

图3-3-54　林聪彝故居单边廊平面及实景
（图片来源：许航 绘，王文奎 摄）

走，既丰富游行路线又不占园地空间。以小黄楼西园为代表，回廊上作平顶，铺设红方砖，楼下作游廊，形成复道。单面廊，一侧贴园墙，另一侧通透供观景，多为单坡形。林聪彝故居的单面廊屋顶作双坡，侧对园景，是围合园林空间的一隅；小黄楼东园的单面廊将过道天井空间和东园建筑联系在一起，中段以四角亭作为过渡，与小沧浪亭形成对景（图3-3-56）。豆区园单面廊贴园墙一侧，廊身蜿蜒，与轩类建筑衔接，颇有江南园林韵味。而覆龟亭，是福州传统民居中特色的建筑形式，架于天井中央过道，谐音"富贵"，象征美好寓意。覆龟亭多与庭院景观相结合，作宅第中景观点缀，郭柏荫故居、沈葆桢故居、欧阳花厅等皆设有此廊（图3-3-57）。

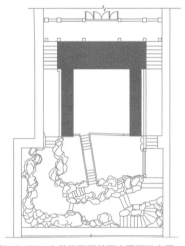

图3-3-55　小黄楼西园单面廊平面及实景
（图片来源：许航 绘、摄）

图3-3-56　小黄楼东园亭廊组合
（图片来源：黄晴 摄）

图3-3-57　郭柏荫故居覆龟亭
（图片来源：许航 摄）

7. 封火墙

封火墙也是福州私家园林营造重要的元素，体现了福州传统民居强烈的地域性（图3-3-58）。福州的封火墙主要由墙基、墙身、墙头瓦盖三部分组成，不同于江南建筑阶梯形封火墙，福州传统民居封火墙呈曲线形，轮廓或圆或方，活泼自然，富有变化。①封火墙不仅是建筑形制的一部分，也是福州园林营造重要的元素（图3-3-59）。福州私家园林造园要素多结合壁垣成景，以粉壁为"纸"，在竖向空间上造景。如小黄楼东园于潇碧廊处平视园景，假山，花木、山池、池水、半亭与封火墙、天空融萃出优美的景色（图3-3-60）。水榭戏台以厚实高大的曲形封火墙将主座与东座园林分隔开，墙之向前的"动势"使园墙不显单调，还与戏台、听戏楼相映成景（图3-3-61）。福州私家园林好借景，登假山阁楼可望坊巷民居风貌，远眺各个封火墙随远山动势连绵不断。

在细部装饰方面，福州民居的封火墙盛行在牌堵墀头、跌落、山水头等处作泥塑，多雕刻有图纹，题材广泛，多是百姓喜闻乐见、寓意祥瑞的图案，譬如麟狮龙凤、梅兰竹菊、鸟兽虫鱼，以及鹤、蝙蝠、喜鹊等，或表达美好心愿，或体现高洁品格，带有很强的民俗性。通过采用福建传统灰塑工艺，用经沉淀后的壳灰膏、糖汁、棉花、麻绒等作为原料，绘出形状后以铁丝、木、竹为骨，逐渐堆泥，塑出各种形态（图3-3-62、图3-3-63）。这些精美

图3-3-58　封火墙成为三坊七巷中传统民居和私家园林的重要特点
（图片来源：王文奎 摄）

水榭戏台封火墙之一

水榭戏台封火墙之二

林聪彝故居封火墙

玉屏山庄封火墙

图3-3-59　部分民居封火墙实例
（图片来源：黄晴 摄）

---

① 孙智，关瑞明，林少鹏. 福州三坊七巷传统民居建筑封火墙的形式与内涵 [J]. 福建建筑，2011（3）：51-54.

图3-3-60　小黄楼东园封火墙作背景
（图片来源：黄晴 摄）

图3-3-61　水榭戏台与封火墙实景手绘
（图片来源：土文奎 绘）

图3-3-62　陈绍宽故居封火墙与山水头的彩绘泥塑
（图片来源：黄晴 摄）

的泥塑装饰亦是福州建筑工匠技艺的体现，既丰富了建筑造型，具有极高的观赏与艺术价值，又体现了福州地域传统文化内涵。

8. 洞门、漏窗

园林院墙、走廊以及亭廊等建筑物的墙上，常置有不装门扇的门孔，称之为"洞门"。[1]洞门除了用作日常出入之用外，园林上又作取景的画框，可使游人欣赏到更别致的风景（图3-3-64）。福州私家园林中洞门有方形、圆形、半圆、六角、八角等形，

刘家大院

小黄楼　　　　　　　　　林聪彝故居

木榭戏台

图3-3-63　部分民居墙垣的细部彩绘装饰
（图片来源：黄晴、许航 摄）

---

① 刘敦桢. 苏州古典园林［M］. 北京：中国建筑工业出版社，1979.

西湖桂斋南侧洞门　　　　　　　　西湖桂斋西侧洞门　　　　　　　　林聪彝故居洞门

林觉民故居洞门　　　　　　　　林则徐纪念馆洞门　　　　　　　　采峰别墅洞门

图3-3-64　一些传统园林的门洞
（图片来源：黄晴、许航 摄）

尤以方形居多（图3-3-65），在形式上追求与邸宅相统一，较为朴素，数量上也较少。从第宅进入园林之前，园主多会以一段较封闭狭窄的路引导，使游人穿过不引人注目的洞门后如有进入壶中天地之感。有的园林以木架构成洞门，嵌于假山前或建筑中，增加园林美感。近代园林中，还有将圆形与曲线相结合做成的洞门，具有西式建筑的形式美。

墙上的镂空窗洞，在江南园林又称花墙洞，闽地称之为"花窗"。[①]在园林之中不仅可以改变单调的墙面，还可使隔墙的两个空间似隔非隔，透过漏窗使得窗外景物若隐若现。福州私家园林中的漏窗主要有方、圆、扇几种形状为主，以竹节状的积窗使用最多，闽南园林亦多有此类花窗形式。竹节花窗将石条雕刻成竹节状，寓意竹之君子品性或节节高升之意。此外，镂空砖雕的图案主要有花、梯形等，主要做法是以特制的铁模子做出不同样式的砖坯，入窑烧制，最后嵌于窗框之中（图3-3-66）。此类花窗多应用于宅第庭院之中，或嵌于园景通道一侧，具有框景之妙。

---

① 曹春平. 闽台私家园林［M］. 北京：清华大学出版社，2013.

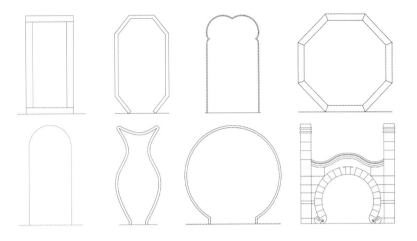

图3-3-65　一些典型的私家园林洞门
（图片来源：许航 绘）

图3-3-66　一些典型的花窗样式
（图片来源：游嘉铭 绘）

五、花木

1. 花木选配

福州位于中亚热带和南亚热带的交接地带，私家园林的花木既有南国荔枝龙眼的花果之盛，又有江南"梅兰竹菊"的文人之气，体现了过渡带植物的特征（表3-3-1、表3-3-2），大部分为乡土树种。主要有樟树、桂花、荔枝、芒果、芭蕉等，竹类植物在园中也常见栽植。榕城福州虽广植榕，但私家园林中种植榕树极少，也是因为福州传统私家园林面积多不足半亩，种植大型乔木尚且不易，更不用说种植根部发达、独木成林的榕树，不符合"体宜"的造园思想。王麒故居、林聪彝故居中植有小叶榕、笔管榕，榕之须根挤压假山、建筑，使有开裂之势。故这几株榕树很可能非园主手植，多半是由飞鸟迁徙播种等非人为因素由来。

福州私家园林中常见植物　　　　　　　　　表3-3-1

序号	中文名	学名	科名	备注
1	榕树	Ficus microcarpa	桑科	乡土
2	橡皮榕	Ficus elastica	桑科	
3	荔枝	Litchi chinensis	无患子科	乡土
4	龙眼	Dimocarpus longan	无患子科	乡土
5	桂花	Osmanthus fragrans	木犀科	乡土
6	樟树	Cinnamomum camphora	樟科	乡土
7	芒果	Mangifera indica	漆树科	乡土
8	枇杷	Eriobotrya japonica	蔷薇科	乡土
9	阳桃	Averrhoa carambola	酢浆草科	
10	柚木	Tectona grandis	唇形科	
11	流苏树	Chionanthus retusus	木犀科	乡土
12	梅花	Prunus mume	蔷薇科	乡土
13	蜡梅	Chimonanthus praecox	蜡梅科	乡土
14	白兰花	Michelia alba	木兰科	乡土
15	广玉兰	Magnolia grandiflora	木兰科	
16	朴树	Celtis sinesis	榆科	乡土
17	苹婆	Sterculia nobilis	梧桐科	乡土
18	紫薇	Lagerstroemia indica	千屈菜科	乡土

续表

序号	中文名	学名	科名	备注
19	紫藤	Wisteria sinensis	蝶形花科	乡土
20	番木瓜	Carica papaya	番木瓜科	
21	山茶	Camellia japonica	山茶科	乡土
22	南天竹	Nandina domestica	小檗科	乡土
23	茉莉	Jasminum sambac	木犀科	乡十
24	木芙蓉	Hibiscus mutabilis	锦葵科	乡土
25	石榴	Punica granatum	千屈菜科	
26	杜鹃	Rhododendron simsii	杜鹃花科	乡土
27	芭蕉	Musa basjoo	芭蕉科	
28	唐竹	Sinobambusa tootsik	禾本科	乡土
29	毛竹	Phyllostachys edulis	禾本科	乡土
30	紫竹	Phyllostachys nigra	禾本科	乡土

三坊七巷名木古树一览表

表3-3-2

序号	编号	位置	树种	等级
1	闽A00010（鼓楼）	杨桥路3-3号北侧	柚木	一级
2	闽A00021（鼓楼）	宫巷26号沈葆桢故居内	流苏	一级
3	闽A00022（鼓楼）	黄巷34号（小黄楼）落花厅内	芒果	一级
4	闽A00023（鼓楼）	衣锦坊41号	流苏	一级
5	闽A00048（鼓楼）	杨桥路双抛桥西侧	榕树	二级
6	闽A00049（鼓楼）	杨桥路双抛桥西侧	榕树	二级
7	闽A00138（鼓楼）	通湖路安泰河旁	榕树	二级
8	闽A00139（鼓楼）	光禄坊玉山涧揽虹亭旁	橡皮树	二级
9	闽A00140（鼓楼）	南后街光禄吟台追芳亭旁	朴树	二级
10	闽A00141（鼓楼）	黄巷34号（小黄楼）	苹婆	二级
11	闽A00142（鼓楼）	安民巷47号（鄢家花厅）	阳桃	二级
12	闽A00143（鼓楼）	塔巷26号（福建民俗博物馆内）	荔枝	二级
13	闽A00144（鼓楼）	塔巷24号	广玉兰	二级
14	闽A00145（鼓楼）	宫巷24号（林聪彝故居）	榕树	二级

受园林规模限制的缘故，从植物选材上来看，福州私家园林花木注重观赏性和实用性。在观赏性方面，注重植物观花、观果特征，以常绿为主，为追求诗画意境，植物选配尤为关注观赏性，利用花果的色彩、形态形成四季绿树红花、生机勃勃的园景，园林中的花木主要有流苏、桂花、紫薇、兰花、茉莉、木芙蓉、菊花等。

花木繁盛也会成为福州私家园林雅集活动的缘由，如秋季的半野轩举办"菊会"，菊花种类繁多，为榕城一冠。宋张邦基《闽广茉莉说》记载："闽广多异花，悉清芬郁烈，而茉莉花为众花之冠，至暮则尤香，今闽人以陶盎种之。"茉莉花作为观赏花卉，具有夜晚开花的特性，在园林中孕育了独特嗅感和美感。清代陈衍将园内小楼由寓意"环楼皆山"的"皆山楼"改名"花光阁"，取自其妻晚清才女萧道管的"挹彼花光，熏我暮色"一诗。另有水生花卉多出现于福州园地较大的园林之中，如西湖三山旧馆环厅四周池中种有荷花。在实用性方面，福州、岭南两地都以果木居多。两宋时期福州是福建著名的水果产地之一，仅《三山志》物产篇记载，福州就有荔枝、龙眼、橄榄、橙、柚、柑等26种水果。受商品经济的影响，果木之风及于私家园林，现私家园林还可见踪迹。福州为荔枝之乡，二梅书屋有株根抱假山石的古荔枝树，为福州地区的"蛀核"名品（图3-3-67）；龚易图双骖园旧有荔枝

图3-3-67 二梅书屋中的古荔枝树
（图片来源：王文奎 摄）

园。叶大庄玉屏山庄以荔枝、龙眼为盛，其《阳岐杂事诗》云："追暑南风入画帘，荔枝冰椀色相兼。吾家不用培泥法，一树浇肥一斛盐。"

2. 花木配置

福州私家园林植物配置数量和种类较江南、岭南私家园林更少，而且缺少种植大型乔木，以中小型居多。空间大小影响其植物配置形式，倘若植物种植过密，会使小空间更显拥挤，故福州私家园林在植物配置上更为关注立面景观视觉，"少时繁密，有若自然"，稍加点缀使远观有"山林"之意。

（1）孤植

由于福州私家园林空间较小，乔木多用孤植手法，植物配置上以"少而精"为原则，适宜其园"小"的特点。平面布局上，花木主要与假山池沼结合，根据山形地势因地制宜种植，注重形、色的搭配，形成特别的意境和韵味，点到为止。如清代园主林星章的二梅书屋，宅邸书房自成一体，院落中仅有主人手植两株老梅（图3-3-68），故取斋名，借梅之傲雪凌霜抒发其精神追求。因气候炎热，私家园林注重对冠大浓荫乔木的使用，通常为1~3株，以孤植为主，置于园内一隅或者穿插种植在庭院天井中，常与厅堂、楼阁结合。如小黄楼东园廊亭、百一峰阁分别孤置一株芒果、苹婆，起到良好的遮阴效果（图3-3-69~图3-3-71）。

（2）丛植

福州私家园林中多见丛植形式，位置一般位于墙角处，或者稍大的绿地中，以小型花木和灌木为主，高低搭配、错落有致。刘冠雄故居小园中有数余株花木，至今还植有一株老樟树、桂花、腊梅等花木。在一些园林中，也有单一树种成丛栽植的。如小黄楼东园墙边有一方"竹林小丛"，疏落竹影，摇曳生姿（图3-3-72）。陈衍故居的芭蕉，不仅使小院有着雨

图3-3-68　二梅书屋的梅花
（图片来源：黄晴 摄）

图3-3-69　小黄楼东园芒果、苹婆
（图片来源：许航 摄）

打芭蕉的别样意境，蕉叶摇曳，也成为巷道的一道特殊风景（图3-3-73）。

图3-3-70　鄢家花厅阳桃
（图片来源：黄晴 摄）

图3-3-71　芙蓉园荔枝树
（图片来源：黄晴 摄）

图3-3-72　小黄楼东园的竹丛
（图片来源：王文奎 摄）

图3-3-73　陈衍故居的芭蕉
（图片来源：黄晴 摄）

（3）群植

此外，稍大的私家园林也会种植十几株以上的树木群植，使之有成林之意，但这类仅存在于少数园林中。如龚易图的三山旧馆、双骖园荔枝繁茂，两园分别以水岸荔枝、荔枝园为特色。古迹"小荔湾"，曾环池植有古荔15株，荔枝夹岸，池馆清幽。乌山北麓旧有乌园，绕园植梅十株，种竹千竿，其间植有桃、杏、松、桧等树。今豆区园以成片竹丛、乔木、灌木构成小景，以概括简练之法于园中反映山林自然。刘齐衔故居民国楼后也遍植荔枝、柚子等果木，内设小路平台，一片绿意盎然（图3-3-74）。

（4）花台、盆栽

花台、盆栽亦是福州私家园林中一种植物布置的形式，园主喜好用其来点缀天井和杂院等小空间。花台形状多为长条方形石状，以砖石砌成，常摆放于屋后进与进之间的天井空间。盆景最大的特点就是能将古木的苍劲微缩在小盆中，其在园中的摆放灵活性大，或用于室内陈设，或填补建筑空间草木之缺。[1]花台、盆栽常结合摆放，供人欣赏（图3-3-75、图3-3-76）。

图3-3-74　刘齐衔故居遍植果木
（图片来源：黄晴 摄）

图3-3-75　林聪彝故居花台
（图片来源：许航 摄）

图3-3-76　郭柏荫故居花台和树池
（图片来源：许航 摄）

① 刘敦桢. 苏州古典园林［M］. 北京：中国建筑工业出版社，1979.

六、铺地和小品

1. 铺地

福州私家园林空间较小，地面空间也有限，铺地也比较简单。因闽地盛产石材，园林中的铺装多采用当地的材料。铺地大致分为如下三种形式：条石铺地、卵石铺地、三合土铺地。不同材质的铺地应用在庭园的不同地方，与其他院落空间一样，大部分场地为剁面条石铺地（图3-3-77、图3-3-78）；卵石铺地多铺设于假山园路之上，或者转角、小径等，更显精致（图3-3-79）；三合土主要取材于壳灰、壳灰渣、黄土，具有防水耐磨等特性，材料和效果上贴近自然，常应用在雪洞和假山洞内铺地，也有在假山上部做夯土地面（图3-3-80）。

图3-3-77　林聪彝故居条石铺地
（图片来源：黄晴 摄）

图3-3-78　尤氏民居的铺地兼有条石、卵石
（图片来源：许航 摄）

图3-3-79　小黄楼东园园路铺地
（图片来源：王文奎 摄）

2. 小品

福州园林的建筑小品常见有桌、凳、平台、栏杆、置石、题刻等，这些小品多置于空敞的天井中，或点缀单调的空间，或增加建筑美观程度，有助于园林意境的营造，使园林游观更富有趣味。平台、栏杆多建于临水池岸，制作精美，注重尺寸感以贴合周边环境（图3-3-81~图3-3-84）。如水榭戏台栏杆与戏台的空间设置相互呼应，庭院北面的花厅与戏台一墙之隔，使人可隔水欣赏戏曲。石桌、石凳、石椅形式多样，一般放置于天井或假山附近，兼具使用和观赏功能（图3-3-85）。刘家大院园林还以假山为磴，置桌凳于高台上，登临可远眺乌山、于山之景（图3-3-86）。

图3-3-80 小黄楼西园假山内三合土铺地
（图片来源：许航 摄）

图3-3-81 水榭戏台栏杆古祥图案
（图片来源：许航 摄）

图3-3-82 林聪彝故居、小黄楼西园竹节栏杆
（图片来源：许航 摄）

图3-3-83　二梅书屋、宦贵巷黄氏民居石栏杆
（图片来源：许航、林箐 摄）

图3-3-84　刘齐衔故居木栏杆
（图片来源：黄晴 摄）

图3-3-85　林则徐故居石桌椅
（图片来源：许航 摄）

图3-3-86　刘家大院石桌、凳置于高台
（图片来源：黄晴 摄）

七、景题艺术

景题是中国古典园林中特有的艺术形式，包括题名、楹联匾额、山石题刻、碑刻等形式。景题用字虽不多，但涉及文学、哲学、美学、绘画、书法、雕刻等诸多艺术领域，并且与园林景观相映成辉。

福州私家园林的景题主要以楹联匾额、山石题刻为媒介来表达，题材内容丰富，涉及题跋、园景、文学、宗教等，文学性的景题与诗情画意的园林环境相互融合，不仅体现了福州本土造园家的学识修养，也以"画龙点睛"的提示映射出了园林的内涵，加强游人对园林艺术空间的感受，使小园表现出一种耐人寻味的意境。

1. 园名形式

关于园名，存在一个有趣的现象，福州私家园林中伴随园主留下有很多诗画楹联，但很少有专门命名的独立的园林名称，大多私家园林仅仅是以"××故居"的形式存在。一些则以突出重要的建筑来取名，如小黄楼、水榭戏台、红雨楼、三山旧馆。只有少量例外，如芙蓉园、豆区园、双骖园。估计是从"宅"与"园"的对比来看，福州私家园林多附属于住宅，所占体量较小，园林地位较建筑比较低，故以建筑进行命名或甚至连园名都省略。有的文人园林以谦称其小或简陋，譬如陈衍故居"匹园"，叶向高故居"豆区园"，与江南"半亩园""残粒园"的命名立意颇为相同。

2. 景题题材

福州私家园林景题形式以题刻为主，多为山石上镌刻文字或门额刻字的形式，内容以短词、诗句形式居多。相较于匾额、楹联，山石题刻更易保存，多与假山结合，今之福州园林所遗存的景题多为山石题刻。题刻题材涉及园景、文学、宗教等内容。历代不少私家园林也以楹联作景题，多随变迁消逝。如三山旧馆十景，每景都悬挂有龚易图所题楹联，龚易图经营的双骖园亦是如此。

状景类景题以形容园林景致为主，特点在于词句简单明了、雅俗共赏，寥寥数字便可勾勒出风景画面。如刘冠雄故居假山洞门悬额镌有"萝径"二字形容园中花木繁盛，笔力遒劲，气势挺拔。芙蓉园内至今留存有"芙蓉别岛""曲而达"题刻，乃点明园景之意（图3-3-87）。

抒情类景题，是为引起游赏者和命题者情感上的共鸣。如三山旧馆内环碧池馆正厅悬有楹联"绿波照我又今日，红树笑人非少年"，龚易图以龚氏宅地赎回又归其所有而寄意，"红树"指荔枝，感慨赎回宅地之时自己已非少年。小黄楼雪洞门额分别镌刻有"竹林""雾深"（图3-3-88），将园林喻作深山老林，假山上还镌有"悬崖""豁然崖"等题刻，表达"寄散山林间"的山居情怀（图3-3-89）。类似的还有二梅书屋假山雪洞内的"归真"题刻。

图3-3-87　芙蓉园的"芙蓉别岛"和"曲而达"题刻
（图片来源：许航 摄）

图3-3-88　小黄楼西园"竹林""雾深"题刻
（图片来源：许航 摄）

咏志类景题，是园主或游赏者通过景题撰写，表达对人生价值的看法或蕴含有某种深邃的哲学启迪。陈季良故居月洞门上塑"退思处"匾额，两旁对联曰："竹里坐消无事福，花间补读未完书。""退思"之意与苏州退思园园名含义共通，皆有"退思补过"之意。

部分题刻暗含神仙、佛教、儒家等思想，如王麒故居雪洞壁上镌有"抗仙掌以承露"，诗词出自汉诗人班固《西都赋》，是形容汉武帝迷信神仙，认为饮甘露可延年益寿，故铸造承露盘，上有仙人伸开手掌承接天降甘露之举；旧时芙蓉园山石镌刻"木羽仙""方壶居士""浮邱伯""洪崖先生"等题刻，亦有此类含义。

"豁然崖"

"悬崖"

"引入胜"

图3-3-89　小黄楼西园假山内的题刻
（图片来源：许航 摄）

第四节　实例

一、芙蓉园

芙蓉园位于朱紫坊芙蓉巷内，临近安泰河，始建于宋代，又名芙蓉别岛、武陵别墅、武陵园。古时芙蓉园占地甚广，东通法海寺前，北达朱紫坊，又有小径通府学里，是福州以精

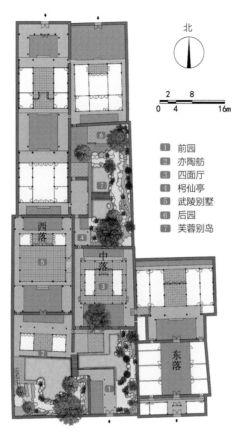

北

图例说明：
1 前园
2 亦陶舫
3 四面厅
4 栩仙亭
5 武陵别墅
6 后园
7 芙蓉别岛

西落
中落
东落

图3-4-1 芙蓉园平面图
（图片来源：王帅 改绘）

巧著称的古园林。朱紫坊附近的花园巷、花园弄、花园街等都因其胜而得名。

从南宋至近代，芙蓉园多有文人居其间，为园林增添了浓厚的文学色彩。芙蓉园自西向东共有三座毗连，其主座原系宋时参知政事陈韡的芙蓉别馆，因园内遍植芙蓉，故名之。明正德年间，丁戊山人傅汝舟曾移居于此，著名诗人郑少谷（善夫）为题门帖云："巷陌过颜，老去无心朱紫；园名自宋，秋来有意芙蓉。"园内泊台为明长史谢汝韶别馆，其子方伯谢肇淛世居于此。东座曾为明首辅叶向高别业，叶向高喜好怪石，为了经营芙蓉园曾千里迢迢选购太湖石运回福州。清光绪年间，龚易图宦归，在榕城广置园林，购芙蓉园并重新修葺。主座辟为"芙蓉别岛"，邻座辟为"武陵园"，龚易图匠心独具、财力颇丰，使古老的芙蓉园焕发神采，成为福州四大名园之一。龚易图后芙蓉园归其侄龚乾义所有，而后数次易主，民国后期为海军将领陈兆锵花园[①]。2006年芙蓉园被列为国家级文物保护单位，2013年启动保护修复，总占地面积3660平方米，现作为福州漆艺博物馆对外开放（图3-4-1）。

修缮后的芙蓉园具有池亭之胜，以一座平桥分为南、中、北三部分，水面以桥为轴分隔。北部连接二进东院落，结石为台基，可观全园之景；中部景区芙蓉别岛主要是由山石、鱼池组成的山水景观，山体紧贴东、南部墙层层抬高，东部以山体为景观主体组织游线和景观节点，侧重于以不同视角游历园林（图3-4-2）；南部东角有八角半亭，与西角栩仙亭互成对景，栩仙亭为三层亭阁，三层居高临下可俯瞰后花园全园景色及墙后花厅（图3-4-3）。居中布置的是圆形月洞门（图3-4-4），在芙蓉园后花园空间序列的处理上起着重要作用，于墙后花厅看向月洞门，空间上采用了延伸、对景、框景的手法，将后花园之景框成山水画卷，与北部平台隔洞墙相望，形成深远的空间层次。芙蓉园南园即以较为开敞的水面为

① 卢美松. 福州名园史影［M］. 福州：福建美术出版社，2007.

图3-4-2　中落的芙蓉别岛
（图片来源：王文奎 摄）

图3-4-3　栟仙亭处俯瞰全园
（图片来源：许航 摄）

图3-4-4　芙蓉园中落院墙圆洞门
（图片来源：许航 摄）

中心，廊桥将水面分隔开，环水布置建筑假山，假山退居边缘、倚墙而立，显得开敞自然（图3-4-5、图3-4-6）。山顶竖向堆叠，形成地势高差，登"岁寒亭"可纵览全园，山内开凿雪洞，供穿游嬉戏（图3-4-7）。

图3-4-5 芙蓉园前园景致
（图片来源：林箐 摄）

图3-4-6 芙蓉园前园局部俯拍
（图片来源：黄晴 摄）

图3-4-7 水面空间开敞自然
（图片来源：许航 摄）

　　作为现存唯一得以修复重现的福州四大园林（其余三者为双骖园、武陵园、环碧轩），芙蓉园虽数易其主、历经沧桑，但仍是宋代以来福州私家园林的代表之一。园中的海礁山石和花木有着福州当地特色，但建筑和园林风格均体现了浓厚的江南文人园林气质。园林在闹市坊巷占有一席之地，规模在福州私家园林中也相对较大，以内收型空间为主，园林与建筑、连廊、石桥、粉墙相互交错，并通过假山和居于山上的亭台，形成垂直的游赏路径，同时引入于山等园外景致，在有限空间内创造丰富园景，实现内收与外延的兼得。

二、小黄楼

　　小黄楼位于黄巷中段北侧36号，是福州三坊七巷中有文字记载的最早的宅第和私家园林。相传旧为唐进士、崇文阁校书郎黄璞故居的遗址，黄巢军入福州经黄巷，闻其名，皆"灭炬而过其门"，黄巷也因此得名。清雍正年间至乾隆前期为林枝春居所，乾隆后期归梁上治、梁上国兄弟，再传名儒梁章钜。清代道光十三年（1833年）梁章钜由江苏布政使仁上因病归田回福州，对小黄楼进行重修，次年又修葺宅东边小园，名曰"东园"，形成了现有小黄楼宅院和园林的基本格局。[①]

　　园主梁章钜（1775—1849年），字闳中，又字茝林，晚号退庵，福州长乐人。清嘉庆年间（1802年）进士，曾任江苏布政使、甘肃布政使、广西巡抚、江苏巡抚等职。其生平著述颇丰，乃楹联学开山之祖。在修建小黄楼之前，梁章钜已在江苏为官八年余久，主修过沧浪亭、可园等江南古典园林，对园林营造颇有心得。因此，小黄楼的营造既融入了江南园林精华，又有福州地方园林的特点，在三坊七巷诸多私家园林中较具特色。

　　小黄楼整个宅院总面积3640平方米，建筑规模宏大，布局紧凑，庭园小巧精致，是福州明清古民居的典型代表。园林为典型的侧园式，分东、西两园，西园保留完好，东园在新中国成立后曾经改建为福建省文联宿舍，遭到了一定程度的破坏，2010年在旧址发掘和清理的基础上重新修复（图3-4-8）。

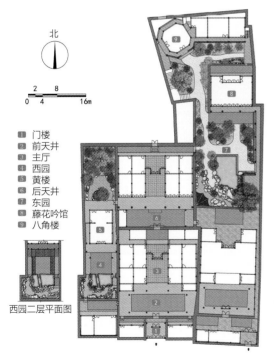

北

2　8
0　4　16m

1 门楼
2 前天井
3 主厅
4 西园
5 黄楼
6 后天井
7 东园
8 藤花吟馆
9 八角楼

西园二层平面图

图3-4-8　小黄楼平面图
（图片来源：王帅 改绘）

① 卢美松. 福州名园史影［M］. 福州：福建美术出版社，2007.

　　西园整体呈规则的长方形，面积虽不足百余平方米，但园林要素齐全，由一座双层木结构建筑、假山、半亭、池沼、小桥、花木等要素构成（图3-4-9）。西园集中体现了福州私家园林传统的空间布局特色。入园口两侧壁弄，以雪洞作宅与园的过渡空间，入口洞额镌有"名胜""古迹"，出口洞额刻"竹林""深处"，再结合穿梭雪洞由宅及园的空间体验，可见梁章钜将西园喻以深山老林，表"寄散山林间"的山居情怀。主景空间上，假山贴壁而筑，假山雪洞连通复道楼阁，竖向空间形成高低错落之势。山前为福州典型的半规则式水池，以"知鱼桥"斜跨分左右二水，建筑、假山镂空作深涧，水面具幽深而不狭小之感。为丰富游园体验，东西复道廊衔接雪洞，洞额题有"引入胜""豁然崖"渲染意境，洞内有道可循至池岸石矶，过石阶即至山顶，再过半亭至楼阁阳台，可远眺乌山景致（图3-4-10）。一方小园内，有着借山登楼、跋山涉水、循洞入室的丰富体验和空间过渡。西园的营造在一定程度上也体现了江南意趣，例如，假山虽是依照福州传统假山布局，但未有对假山一层进行园路设置，反倒是采用江南私家园林的做法，设置石矶，增加亲水空间。园林中部构水洞并以桥连接，也是江南私家园林常见的构洞形式。"知鱼桥"另一侧镌刻"廿四桥"，效仿扬州瘦西湖"廿四桥"，具有江南园林的韵味。

　　东园面积稍大，约一亩又半，假山主景整体布局风格和西园相似。道光十三年（1833年），梁章钜修葺东园时邀友人为十二景作诗以记之，分别为藤花吟馆、榕风楼、百一峰阁、荔香斋、宾月台、小沧浪亭、宝兰堂、潇碧廊、般若台、澹沤沼、浴佛泉和曼华精舍。其中"澹沤沼"引自"悠然濠濮意，想见沧浪清"的典故，也带"隐逸"之意（图3-4-11）。全园将十二景按不同的尺度、高低进行布局，虚实结合、远近相宜皆有景，南部有可游憩的假山池沼，北部则有百一峰阁（图3-4-12）、宾月台、般若台等眺望远景。东园在建筑布

图3-4-9　小黄楼西园全景
（图片来源：黄晴 摄）

图3-4-10　小黄楼俯瞰和借景乌山
（图片来源：王文奎 摄）

图3-4-11　小黄楼东园的澹沤沼和小沧浪亭
（图片来源：黄晴 摄）

图3-4-12　小黄楼东园百一峰阁
（图片来源：许航 摄）

局也与江南私家园林布局方式存在共性，园林与住宅相对独立，居于园北。较福州传统私家园林"园"位于宅跨院的形式不同，"园""宅"之间相对分离，园的整体平面不受"宅"的礼制、中轴等特性束缚，较自由。东园建筑形式表达也与福州传统私家园林不同，如花厅"藤花吟馆"楼阁独间建置，不与住宅毗连；廊长度较长，引导游览空间，并两侧与亭结合。东园中的"小沧浪亭"仿自苏州沧浪亭，具有浓厚的江南色彩。梁章钜之子梁兰省《小沧浪亭》诗云："东园沧浪亭，虽小亦有致。水竹倘不殊，风月更何异。"

　　坊巷之中的小黄楼作为福州迄今为止保存最好的古代私家园林之一，可视为福州古典私家园林代表作之一，体现了清代福州造园的高超技术和艺术特色。尤其是梁章钜将福州庭园小巧精致与江南园林特色融合，是福州私家园林之精华，又恰如江南园林的一个浓缩版，连沧浪亭都直接取名于江南名园，又如颐和园建谐趣园有知鱼桥，西园一方小山水中也有"知鱼"之桥。当然由于庭园空间之小，也如岭南园林一般以内收型空间为主，虽没有复杂的建筑与山水园林的交错，但是通过精致小巧的叠山理水，于山石花木之中，就形成移步易景的丰富园林空间，尤其将山石雪洞与建筑交融一体，难分你我，实现园林与建筑空间的无感过渡衔接。另外，也通过园林假山和居于山上的亭台，远近高低，营造了丰富的垂直游赏路径，并得以巧借园外之景。

三、王麒故居

　　王麒故居位于三坊七巷塔巷北面西段，始建于清初，乾隆、嘉庆年间及民国时期均有修葺，故居前身为汀州会馆。故居前身为汀州会馆，民国初为李厚基新编陆军第十一混成旅长

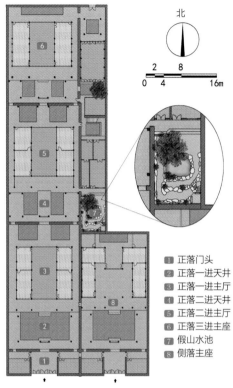

北

2 8

0 4   16m

① 正落门头
② 正落一进天井
③ 正落一进主厅
④ 正落二进天井
⑤ 正落二进主厅
⑥ 正落三进主座
⑦ 假山水池
⑧ 侧落主座

图3-4-13 王麒故居平面图
（图片来源：王帅 改绘）

王麒住宅。园主王麒（生辰年不详—1952年），字凯士，福建水师学堂毕业，升任旅长期间管辖有骑兵、步兵、炮兵、工兵和辎重等兵种，同时还兼管一支军乐队。后王麒引身自退，隐居于福州。民国初，严复晚年回榕时，曾一度寓居于此①。

王麒故居园林部分位于住宅西跨院内，面积仅约45平方米，是三坊七巷中现存最小、保存较完好的私家园林（图3-4-13）。在园林整体布局上，王麒故居较其他福州私家园林并不显出众，但其以"小"见长。在如此小的空间却能将山水建筑花木融萃成景，可以说极尽巧工。布局上，王麒故居极为典型反映了福州私家园林小空间造园的特色，园以假山环三墙而叠，半亭倚立山角，山内作雪洞，园路围绕假山展开，中有石磴连接上下层空间，作阁山与台、楼阁连通（图3-4-14）。园主在造园要素形制、体量都进行了细致推敲，园中假山、亭台、楼阁、花池皆采用"半边"形，要素体量对于"度"的把握精准，之间相互合宜，不显突兀，体现"精在体宜"的造园思想（图3-4-15、图3-4-16）。"以小见大"是王麒故居最大的特色，包括入园、景面、意境空间的处理、营造。入园空间上，园以右侧方台遮蔽视线形成障景，再深入右望视线豁然开阔，如入壶中天地之感；景面包括横竖向空间处理，横面以假山游线为主，雪洞开两个洞口增加观赏游线。竖向上，以假山、泥塑壁山、墙垣形成峰峦叠嶂之景，使园不因小而失景深感。同时还以上下空间串联形成步移景异的变化，或穿洞入室，或俯瞰全园，或登楼远眺。意境上以山石题刻渲染园林人文气息，假山石洞内有迹可循的题刻如"方响""抗仙掌以承露"，分别体现了园林趣味和独特思想。

王麒故居在建筑形制、材料装饰上体现中西合璧的美感。如园林假山石材部分使用英石堆叠，因宅清代为汀州会馆，可能为汀州商人所运，园中楼阁、方台皆为西式建筑，与假山、鱼池、半亭等中式元素呈鲜明对比。其中方台装饰元素丰富，表面镌刻有五叶花、祥云、圆盘等图案；连接台与假山的墙堵表面也使用了彩色菱形铺装，墙面上饰有闽地常见的竹节枳窗，二者结合亦充斥着中西合璧的韵味。

王麒故居造园可以说是以小见大的典型，充分反映了福州传统私家园林造园特色，将自然山水缩摹于此一分地中，再加以人工匠意，使园不因小而失园林精髓，可行、可望、可

① 卢美松. 福州名园史影［M］. 福州：福建美术出版社，2007.

图3-4-14　王麒故居庭园园轴剖视图
（图片来源：游嘉铭 绘）

图3-4-15　王麒故居方寸之园
（图片来源：黄晴 摄）

图3-4-16　正对园林的花厅阁楼
（图片来源：许航 摄）

图3-4-17　假山之上的泥塑远山
（图片来源：黄晴 摄）

游、可居，表达了中国古典园林"天人合一"之思想，充分展现了"方寸"空间内营造山水园林的高超技法与内涵，其叠山、泥塑、雪洞之技法发挥得极为巧妙（图3-4-17）。且在高度密集的住宅建筑和极为内向型的空间中造园，虽已显中西合璧之景，但是整体依旧是江南文人山水园林的风格，而且通过极为狭小的空间进行山与楼、台、亭的相连，依旧可见园主于方寸之间窥探天地方圆之境界。

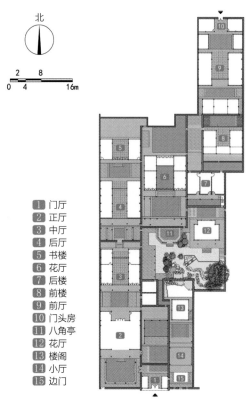

北

2　8
0　4　　16m

1 门厅
2 正厅
3 中厅
4 后厅
5 书楼
6 花厅
7 后楼
8 前楼
9 前厅
10 门头房
11 八角亭
12 花厅
13 楼阁
14 小厅
15 边门

图3-4-18 林聪彝故居平面图
（图片来源：游嘉铭 绘）

四、林聪彝故居

　　林聪彝故居位于宫巷24号，始建于明末，故居坐北朝南，四面风火墙，毗邻三座，占地面积3056平方米，是明清时期福州最大的住宅之一（图3-4-18）。清顺治二年（1645年），明朝皇族唐王朱聿键在福州即帝位时，于此设立大理寺，后明亡，房屋数次易主。清道光年间，为林则徐三子林聪彝所购置。林聪彝对该院落进行过大规模的修葺改造，故居气魄恢宏，在福州古民居中并不多见。宅园内的建筑装饰非常精美，雀替、悬钟、窗棂、墙檐灰塑、壁画彩绘等工匠技艺精湛，是福州典型的清式缙绅豪宅。现存的园林是2010年前后根据现场发掘和图文资料保护修复完成的。

　　园林位于主座东侧的跨院，坐北朝南，由前、后花厅及中部园林组成。园林整体地势平坦，造园要素都沿四周布局，中部显得明澈敞亮，但由于花木、水景的点缀又不显空旷单一，四面都有景可观。园东南由山池组成，是造景的主题。假山靠墙堆叠，山顶上下各辟有小径，山势随景致由东及西先起伏再降低。假山腹部洞穴曲折隐晦，可由上层假山亭子向下或由假山下层循洞而入，曲径通幽，有明暗宽窄变化，通至后部轿厅天井。山北顺应地势设水池，跨池架双孔石桥，既可打破单调的水型，又可作为分隔园内南北空间的界限。西北由建筑构成，两亭（八角亭、四角亭）一廊一花厅，各建筑之间互为对景，具有丰富的视线空间（图3-4-19、图3-4-20）。花厅是主体建筑，以后楼为屏，前设宽广平台，具前后层次（图3-4-21）。由雪洞进入轿厅即见假山，以二层半亭作两跨院间的过渡通道。轿厅假山内藏有磴道，可登至山顶，与楼阁互对。穿越轿厅洞门可达到楼阁后部，从后部朝轿厅观景，假山与墙垣上的泥塑壁山等形成门框之景，沿后部登楼可观园内外景致（图3-4-22）。

　　精美的建筑也是园景的重要要素。大门进去的轿厅木构架上的雀替、悬钟雕刻精细，第一进天井南面照壁上有精美的灰塑独角兽"獬豸"，是明代大理寺衙门标志（图3-4-23）。

图3-4-19　林聪彝故居园景
（图片来源：王文奎 摄）

图3-4-20　庭园中的假山、半亭
（图片来源：王文奎 摄）

图3-4-21　花厅建筑之室内外
（图片来源：王文奎 摄）

图3-4-22　楼阁小院
（图片来源：许航 摄）

图3-4-23　第一进南照壁上的"獬豸"彩绘
（图片来源：许航 摄）

园林中墙垣的青石竹节窗棂、建筑和墙垣上的壁画和灰塑彩绘也十分精湛，充满福州民居特色。花厅回廊檐下的木雕垂花柱为"佛手"状的雕饰，极为少见。沿回廊至花厅廊檐，其垂花柱为花篮承托牡丹的透雕装饰。[①]

林聪彝故居园林可算作清代福州规模相对较大的私家园林，营构精细，尤其是在园林空间的处理上，山、水、建筑、粉墙、园路等巧妙地结合使得园林的空间形态有扩大之感。园林整体布局通透，明澈敞亮，透露出江南文人园林的风格和气质。建筑装饰又体现岭南园林注重观赏、务实的特征。尽管花园空间较大些，还有榕树庇荫，其假山已是福州坊巷之中园林之最大的，但整个园林还是典型的南方院落内向型空间，通过山石与院墙的结合，跨院式假山和雪洞的连接，路径垂直竖向的变化，以及水面空间的巧妙分割，营造出"小中见大"的丰富的园林空间，这些手法和地域性山石和花木的材料，都体现了福州私家园林典型的造园特征。

五、豆区园

豆区园位于福清市融城镇官驿巷内，始建年代不详。《福建通志》载："豆区园创自前明，建自何人未详。"豆区园是明代内阁首辅叶向高的私家园林，其于万历四十二年（1614年）请辞返乡重建此园。叶向高去世后，分属其孙叶益苞，题园名"豆区园"，园名有"区区小园"之意。豆区园是现存福州私家园林较为特别的一例，其和福州传统造园手法差异较大，偏于江南私家园林风格。

园主叶向高为福州府福清县人，于明万历十一年（1583年）考中进士。明万历、天启年间，叶向高两度出任内阁首辅大臣。叶向高在福清城内建置有多处园林，"明豆区园、桧亭，在治南。又有西园，在西门外。"[②]今只有豆区园留存。豆区园原在叶向高府第旁，但府邸已毁，宅园关系无从考证。全园可分为东、南、北三区。东区为书斋，前后共两进，由东南角的门头房至前庭，南向为第一进五间大厅，西侧有小门与园林相连。北区为假山、藏书楼。假山以太湖石为主，配合多种石材堆砌而成，山势高耸，纹理贯通，山顶置"集翠亭"，亭南视野开阔，可俯瞰全园（图3-4-24），假山内设洞窟，南面绝壁正中为主入口，上有题刻"小蓬莱"，内四通八达，婉转曲折，设有多个出入口，石壁上有小洞使光线透入，明暗变化丰富。南部为水景，自然形态，环植低矮植物以使池面通透开敞，并用叠石理成洞穴状，营造水湾、水涧。从园林布局上来看，豆区园并没采用福州传统宅园的布

① 陆琦. 福州林聪彝宅园 [J]. 广东园林, 2012, 34（3）: 78-80.
② 陈寿祺. 福建通志 [M]. 华文书局, 1968.

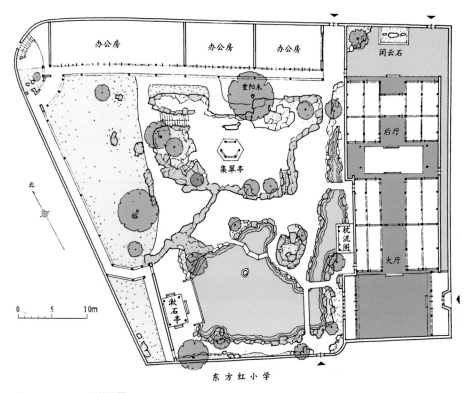

图3-4-24　豆区园平面图
（图片来源：游嘉铭 改绘自 曹春平. 闽台私家园林［M］. 北京：清华大学出版社，2013.）

局形式，整体偏向于江南园林之风，如自然式水景、开阔水面的营构以及湖石堆砌的假山（图3-4-25），这种山水各半的布局在江南私家园林也有存在，如艺圃在景面上就山水各半。

在造园要素上，豆区园山石景集中在北部，石景主要沿园路、水池池岸、山体蹬道处中设置。为使山体显稳重感以及形成高大的山形，山体以条石堆砌框架，类似于苏州狮子林石窟以条石堆砌、扬州私家园林以花岗岩条石为骨的掇山手法[1]。豆区园共有三处石桥，两处为花岗岩制成，分别为拱桥、曲桥，一处为太湖石拱叠而成，与驳岸融于一体。其中花岗岩石桥与湖石桥相连。这种做法与艺圃雷同，其园内也有三座石桥，与豆区园三处石桥对比，在形式、材料上皆有异曲同工之处。艺圃内也有两桥相连，为曲桥和湖石桥。在建筑表达上，豆区园喜用独立亭，从旧影看豆区园建筑形制，漱石亭为四面透空的独立亭，枕流阁为架于溪涧上的三间歇山亭（图3-4-26），集翠亭为六角盝顶的独立亭，与福州传统宅园"半亭"有较大差别（图3-4-27）。廊为廊亭结合的形式。园内墙垣漏窗兼具框景艺术效果，

① 魏菲宇. 中国园林置石掇山设计理法论［D］. 北京：北京林业大学，2009.

以石笋花木作窗画。这些建筑表达都较类似于江南传统私家园林的建筑营构。花木配置喜好片植，竹使用最多；大型乔木也多有，园内古时有三株古树鼎立，分别为1株榕树、2株秋枫，现仅存东侧榕树和北端秋枫（图3-4-28）。

图3-4-25 豆区园自然式池形
（图片来源：黄晴 摄）

图3-4-26 枕流阁
（图片来源：许航 摄）

图3-4-27 豆区园独立假山和集翠亭
（图片来源：黄晴 摄）

图3-4-28 百年古树秋枫
（图片来源：黄晴 摄）

豆区园以石景称奇，园中奇石无数，以太湖石为主，夹杂海礁石、笋石等。清《闽杂记》："福清叶文忠公园多石，大小百数，皆有名。"《闽杂记》卷二《浮海山石》："叶园荷池旁假山，垒石为洞，高丈余，可通往来，洞门上三石，纹如蜂巢，隐成'浮海山'三字，大皆径尺，每石一字，大小既同，神势亦洽，俨然一手书，远望尤似，此与百猴石，皆园中石之最奇者。其余又有伏虎蹲龙、盘辅舞凤、达摩渡江、项庄舞剑、鲤鱼跳龙门等，皆以形似名之，无甚奇也。"[①]其中百猴巨石柱是一根高3米多，倒置于池中的钟乳石珍品，雨后四面显猴形。园内奇石之景多达56处，至今尚存31处，多置于园中一隅单独成景。由于叶向高崇佛信道，园内的石景多以此为题材，例如园中有多处以神佛为形的石景，主题多为观音送子（图3-4-29）、童僧拜观音、南极仙翁等。后厅之北矗立一屏风状巨石——闲云石，

图3-4-29　观音题材的石景
（图片来源：黄晴 摄）

---

① 曹春平. 闽台私家园林［M］. 北京：清华大学出版社，2013.

石高4.9米，宽2.35米，厚0.35米，石呈灰白色，洁净细致。其正面隶书"闲云"二字题刻，乃叶向高所书，背面镌刻"此石来之海上，酷似一片云，或谓似鲤，鲤能化龙。云从龙耶，爱为之铭。为云为龙，变化何穷，起沧海，升层穹，壁立乎此中。"

豆区园历经400多年历史沧桑，几度兴废，几经易主。幸其原貌以及部分景物尚存在，1994年的修复工程，使得这座一代名园再现"天上神仙府，人间宰相家"之风采。纵观全园，园林布局巧妙，池面开阔；景致变化丰富，婉约秀雅；山石形状各异，是福州近郊地区现存最完整的私家园林。豆区园由于地处福州市外的福清，用地条件相对较大，因此在造园手法上看到更多江南园林叠山理水的手法，包括布局、叠山、理水、建筑、花木，甚至出现了类似留园冠云峰、瑞云峰、狮子林假山等凸显奇峰名石的叠山置石景致，虽品相可能有所不及，但是意境和手法如出一辙。

第四章

公共园林

第一节　概述

福州得天独厚的山水资源，为风景营造提供了天然的条件。福州基于风景营造的公共园林建设也是各种园林活动中最早开展的。在2000多年的历史长河中，既有藉自然山水的利用，也有结合农田水利的建设，还有利用福州独特的温泉资源开展的风景营建。与私家园林造园不同，福州的公共园林更多体现顺应自然的特征，也强化了城市空间格局的特色。以至于一些特定的风景营造或强化，成为了这个历史文化名城的符号或特征，如保留至今的"三山两塔"、历史上曾有的"东西二湖"等。

汉代闽越王在福州城郊桑溪的"流杯宴集"，后人于修禊日多仿效流觞韵事，不仅在桑溪，还在南湖"禊游亭"、东禅寺"秉兰堂"和圣泉寺"曲水亭"等处。[①]于山上旧有无诸台，为汉闽越王无诸重阳登高行宴处。

五代时期，闽国统治者崇佛，修建大量宗教建筑，乌山之乌塔、于山之白塔，和其他五座先后修建的塔并称"闽都七塔"。闽王王审知设"香花百戏"请神晏为住持，是福州史料中记载的较早同时有王公贵族、僧人、戏子、百姓等社会各个阶层同时参与的园林中的公共活动。[②]

宋代园林游览盛行，文人和士大夫成为这一社会风气的推动者。如福州知州赵汝愚在疏浚西湖的同时，营造风景名胜，不仅修葺亭台楼阁，同时重修了闽国王延钧时期的水晶宫，使得西湖得到全面的开发。如同杭州的西湖一样，福州西湖亦由最早的陂塘水利转变为城市重要的风景名胜。闽地习俗，端午尤重竞渡，而西湖、城内诸多内河均是竞渡场所。宋代福州太守程师孟《端午出游》记载道："三山缥缈蔼蓬瀛，一望青天十里平。千骑临流搴翠幄，万人拥道出重城。参差螮蝀横波澜，飞跃鲸鲵斗楫轻。且醉樽前金潋滟，笙歌归道月华明。"

明清城市与四周环境相互融汇。明初洪武四年（1371年），驸马都尉王恭修砌福州城墙，在屏山之顶修建镇海楼，一方面"障北山之缺"，另一方面"工在楼意实在海"，在风水上起到"镇海"的作用，同时也是海船进入福州港的航标。明天启年间马尾罗星山上建罗星塔，选址于城市水口位置，闽江、乌龙江在此汇合并东折入海，有"中流砥柱"之称。[③]

近代西人通过闽江进入福州，沿线建筑成为闽江风光的点缀，位于城市水道边、制高点上的塔、寺自然成为西人视觉作品中至关重要的中国元素，如晚清西方摄影师汤姆逊拍摄有闽江沿线风景、马尾罗星塔、金山寺等，为世人留下了宝贵的"闽都旧影"。

福州的这些传统公共园林和风景的营造，依据山水自然环境赋予的本底进行城市园林空

① 梁克家. 淳熙三山志［M］. 福州：海风出版社，2000.
② 肖烨宇. 福州宋代古典园林公共活动研究［J］. 南方建筑，2018，（4）：107-110.
③ 郭巍，侯晓蕾. 双城、三山和河网——福州山水形势与传统城市结构分析［J］. 风景园林，2017，（5）：94-100.

间的组织，依托山形水势建楼阁、筑高塔，使建筑与山水有机嵌合。福州城市亦因这种基于山水格局重点位置的风景经营，不断强化空间辨识度，并在后世的改造与扩建、恢复与重建中得到重点刻画。其经验包含宏观上处理山水与城市的关系、中观上处理山水内部景观布局的关系、微观上注重景点的营造等三个层次。在宏观层面上，福州古代历朝营城者因山借水，挖掘识别山水形胜，巧妙利用环境资源，形成城景交融的空间特色风貌；中观层面上，巧施人工建设，通过造景、建阁、筑亭等手段强化风景场所体验；微观层面上，善用山石、池水、花木，辅以石刻、楹联点缀，引人以无限遐想空间。

第二节　公共园林特点

一、与城市的风景营造结合

福州是一个典型的山水城市，可以说福州古城的变迁，也是一部风景营造的历史，造就了福州的众多公共园林。

汉冶城，北枕越王山，三面环水，以冶山、欧冶池为胜。晋子城，设六个城门，城内外皆有护城河。王审知建唐罗城和梁夹城，罗城北面将冶山围入，南面为安泰河；而夹城将屏山、乌山、于山三山均围入城中。宋又复建外城，并根据当时沙洲淤积成陆的情况，扩建南部。元代福州城墙被毁，明府城城墙东、西、南三面皆按宋外城遗址而建，四大水关，沟通城外河道。清代重修城垣，城的范围未有扩展。明清两代城外的闽江北港两岸皆已成街市，南门外茶肆一路绵延林立，闽江上万寿桥如飞虹连接台江、仓山两地，桥下渔家密集。

福州古城这样的空间形态别具特色，始终将城市山水的风景营造与古城格局有机融合，并形成很多重要的公共园林。三山、两塔，东西二湖等对山水的利用，形成了福州城市布局特色，被吴良镛先生称之为"东方城市设计佳例之一"[①]。还有学者认为城中三山鼎立，山上寺观众多，似蓬莱、方丈、瀛洲三座仙岛，城内民居马鞍墙层层叠叠似万顷波涛，城西西湖与四通八达的内河水网相互连通，暗合了中国古典园林中"一池三山"的园林布局思想，而城市中轴线自北端的屏山至南端的烟台山，将古城与闽江有机联系，从"三山"到"东海"，形成了诗意的过渡[②]（图4-2-1）。

① 吴良镛. 寻找失去的东方城市设计传统——从一幅古地图所展示的中国城市设计艺术谈起 [J]. 建筑史论文集，2000（1）：1-6；228.
② 王南. 东海三山现闽中——文学，绘画及舆图中所体现的福州古城城市设计意匠 [J]. 建筑史，2011（1）：147-160.

图4-2-1　福州古城鸟瞰旧照
（图片来源：《杜德维的相册》1876～1877年）

研究福州传统公共园林，必须提到三山体系。屏山为政治中心，乌山为风景游赏中心，于山为文教重地。在这些与古城演变关系最为紧密的风景营造中，屏山、乌山、于山三山尤为重要，因而福州也有别称"三山"。在2000多年的古城发展中，福州围绕着城中三山进行持续的风景营造，保留了大量摩崖石刻和人文古迹。这些不仅是福州自然山水园林的重要遗产，也是古城风貌特色所在。屏山有堪舆谓之龙脉之地，借西湖之景，山南为历代宫苑、府署、官衙之所在；乌山为三山最高者，奇榕、怪石最多，亭台楼阁、古厝园林、摩崖石刻，眺望闽江，风景最佳；于山为三山最小者，但山形奇特，状如巨鳌，北借府城之景，林木参天又有幽谷兰香，祠堂、书院、寺庙等古迹不绝。三山均有寺观庙宇，其中屏山区域以衙署居多，乌山区域以宅园居多，于山区域以书院居多，[①]三山构成犄角，共同守护福州古城。

在更大的城市范围内，福州将人工建设与自然山水紧密结合，山、水、城的关系处理上不断融合，形成一系列风景。例如，"样楼望海"一景为屏山镇海楼处眺望闽江，登其上，全城形胜，群山环绕，了然在目。烟台山、高盖山、五虎山、旗山、鼓山等古寺名胜比比皆是，如烟台山旧有天宁寺、天宁台，为俯瞰闽江及全城的制高点；鼓山有涌泉寺在半山腰，从天王殿开始，整体建筑沿山坡地形层层递进，成为福建山地佛寺的经典范例。

二、与城市的水利建设结合

福州城市营建中另一个重要的活动是水利建设，古城的变迁也是千百年来水利建设的历史，结合水利的活动，也是福州风景营造的重要途径。福州的山水格局，其北面丘陵环绕，洪水多发，易造成水患的压力。西湖就是福州历史上典型的水利工程，为晋太守严高拓城时所开凿，与之一同开凿的还有东湖，东西二湖收集北来诸山之水，蓄泄有所。西湖的水利功能在五代至宋初发挥了极大的功效。[②]东湖自宋以来逐渐湮没，郡守蔡襄欲恢复东湖，未

① 陈为. 明清时期福州三山风景体系研究［D］. 北京：北京林业大学，2020.
② 王梓，王元林. 占田与浚湖——明清福州西湖的疏浚与地方社会［J］. 福建师范大学学报（哲学社会科学版），2013（4）：104-108.

果，于宋嘉祐二年（1057年）从乐游桥开凿沿城外河，东湖消失以后，该港浦承担东湖原有功能，导东北诸水于东门处。历史上还有南湖，为唐观察使王翊所辟，位于城西南五里，接西湖之水，灌于东南，至清代"今惟一港，以通舟楫，从西水关出入"。由此可见，福州在历代城市建设的过程中，一直有水系治理的传统，内河与潮汐往来，穿城而过，内沟外濠，河水交汇相通，形成了百川入城的水乡风貌，造就了诸多水边的公共园林，也就有了龙昌期"苍烟巷陌青榕老，白露园林紫蔗甜。百货随潮船入市，万家沽酒市垂帘"的诗句。

三、体现自然地理特点

公共园林以及城市风景营造的重要风貌特征之一即为地域性的植被。福州地处南亚热带和中亚热带的交界地带，兼有江南四季分明的植物种类，也有南国的四季常绿花果繁盛，福州公共风景营造的植物景观也颇具这样的地方特色。"榕城"福州的榕树种植历史悠久，北宋张伯玉"令通衢编户浚沟六尺，外植榕为樾，岁莫不凋"，形成"绿荫满城，暑不张盖"的城市胜景，那时榕树就成了福州的河边树和行道树（图4-2-2）。福州风景区往往"榕岩一体"，于山有寿榕岩构成的奇特景观，安泰河朱紫坊有"龙墙榕"树根攀附石壁，宛如蟠龙腾跃。福州的荔枝亦是负有盛名，西禅寺保留有宋代古荔枝，乌山有"啖荔坪"片植荔枝，三坊七巷二梅书屋中的古荔枝树至今年年硕果累累。由于交界带的特征，很多江南特征的植被景观也体现在福州山水风景营造中，如鼓岭梅林、乌石山志中也有山上种植菊花的记载。

图4-2-2　流花溪河边的古榕树
（图片来源：王文奎 摄）

风景营造还与独特的水文特征结合。比如，受闽江潮汐的影响，福州内河呈现特有的"合潮"现象，成为福州古城独特的风景之地。历史上有三坊七巷双抛桥、上下杭张真君祖殿、文庙府学三元沟等就有著名的"合潮"景观处。合潮地区人气兴盛，是文运、财运的集中地，也成为城市重要的公共场所。

四、体现独特的人文景观

风景并不仅仅是由山、水、石、花木等要素所构成的景致，更是与文化相结合的产物。它记录了某个历史时期的人地关系，直接反映了古人"地以人重，景以人传"的价值取向，不仅涵盖了地方的世俗生活，更承载了整个社会对生活艺术的追求，这在公共园林中体现得非常突出。

公共园林的风景营造常和特定的政治、宗教活动结合。大庙山原为闽越王无诸的册封之地，闽人为纪念无诸立庙于此，山前有古迹钓龙台，相传东越王余善曾在此垂钓。于山九日台相传何氏兄弟九人修炼于此，闽越王无诸曾在九月九日宴饮于山。乌山邻霄台作为制高点，为城内登高胜地之一，在北宋时设有社稷堂，清代仍有祭祀（图4-2-3）。

公共园林也有和特定的文人雅士活动结合。最早的桑溪宴集可追溯至闽越王无诸时期，宋人建修禊亭，为后人访古修禊的地方；乌山有唐刺史崔干放鹤处，因携青田鹤于此，忽冲天而去，后人建"放鹤亭"以示纪念；怡山啖荔始于明代，盛夏时节，福州的文人墨客在西禅寺举行荔枝会，边啖荔边作诗。

图4-2-3　乌山邻霄台旧影
（来源：伊莎贝拉·露西·伯德《中国图像记》，1900）

福州公共园林的风景营造中还有一个重要的特点，即有大量的摩崖石刻，这也是福州以大量花岗岩为主的山地作为公共园林所带来的特色之一。三山中乌石山为最，著名的有唐将作少监李阳冰、宋丞相李纲、赵汝愚、梁克家、参知政事郑性之、宋理学家朱熹、黄幹、明首辅叶向高、册封琉球国王使节郭汝霖、清郡守李拔、状元王仁堪、民国厦门大学校长萨本栋，以及人民日报社长兼总编辑邓拓等[①]。其中唐李阳冰的篆书、宋米芾的草书和明叶向高的行书为最。于山现有摩崖石刻百处左右，著名的有福州最早的宋代摩崖石刻，鳌峰顶的北宋淳化元年（990年）

---

① 黄荣春. 福州摩崖石刻述略 [J]. 福建论坛（文史哲版），1996（6）：41-44.

吕文仲题名刻石。冶山有民国海军总司令杨树庄的"剑胆琴心"，陈衍的"望京石"，王风雄的"唐裴刺史毬场故址"等石刻，不失为对冶山历史景点的一种呼应。而在近郊鼓山中，更有多达700多处的摩崖石刻，楷、行、草、隶、篆等字体俱全，被称之为"东南碑林"。

第三节　实例

一、西湖

　　福州西湖位于鼓楼区市中心，是福州保存较为完整的一座古典园林（图4-3-1），至今有1700多年的历史。其始于晋太康三年（282年），郡守严高为开拓子城，在城外开凿东、西二湖，周回各二十里，集纳城西北诸山之水，以灌溉民田。唐末，西湖被辟为游览区。五代王审知筑建罗城、夹城，将西湖、南湖之水贯通。闽王王延钧主政时期，将西湖辟为闽王御花园，奢靡繁华。宋代开始，西湖的园林性质逐渐转向为公共游览胜地，宋熙宁元年（1068年），程师孟、赵汝愚等人兴复开浚西湖，赵汝愚在湖上建澄澜阁，并品题"福州西湖八景"，福州历任太守亦常出西湖观竞渡，故有亭榭之美。明藏书家徐𤊹诗云："澄湖萦绕越王城，十里湖光似镜平。怪得寒涛何处起，前山无数乱松声。"宋代福州知州辛弃疾《游西湖词》有"烟雨偏宜晴更好，约略西施未嫁"，与苏轼描写杭州西湖的名句"欲把西湖比西子，淡妆浓抹总相宜"相媲美。西湖作为福州最重要的水利风景，傍山附城，山水交映，景致绝佳。古人在修浚西湖的过程中，不断拓展西湖的游赏功能，历代文人以大量的诗词歌赋记载西湖游憩活动，寄托个人理想于其中。[①]

　　西湖整体平面布局体现了中国皇家园林传统的"一池三山"模式（图4-3-2、图4-3-3），分别由开化屿、谢坪屿、窑角屿以及西湖湖面构成，以飞虹桥、步云桥、玉带桥相连接，周围的山体有象山、大梦山、铜盘山等。新中国时期西湖几经更新，面积也几经变化。20世纪80年代随着城市规模的扩大，西湖北面建左海公园，由农民集资建设。西湖也陆续修复和建成了一些景区景点，如古堞斜阳、金鳞小苑、桂斋、湖心亭、西湖美等。[②]1993年后在窑角屿兴建福建省博物馆、左海别墅等，西湖东岸也开发建设西湖宾馆、西湖大酒店和福建会堂，基本形成西湖及周围的"湖—城"格局。1985年、1996年、1998年、2007年西湖分别进行了大规模疏浚和提升，通过疏浚、清淤、截污、更新，使西湖重现池亭之胜，修

---

① 张雪葳. 福州山水风景体系研究［D］. 北京: 北京林业大学，2018.
② 福州市园林绿化志编纂委员会. 福州市园林绿化志［M］. 福州: 海潮摄影艺术出版社，2000.

图4-3-1 西湖鸟瞰
（图片来源：石磊磊 摄）

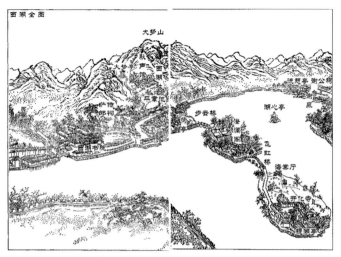

图4-3-2　福州西湖全图
（图片来源：何振岱《西湖志·卷五·名胜·西湖全图》）

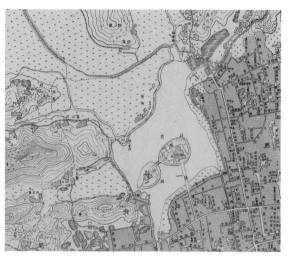

图4-3-3　民国时期福州西湖地图
（图片来源：福建省图书馆藏1941年《福州市街图》）

复、新增有仙桥柳色、紫薇厅、开化寺、宛在堂、更衣亭、诗廊、水榭亭廊、鉴湖亭、湖天竞渡、湖心春雨、古堞斜阳、荷亭、盆景园等景点。

2007年启动《福州西湖总体规划》（图4-3-4），开启了近十多年西湖的全面提升。《福州西湖总体规划》结合近年西湖的变化重新梳理了主要景点资源，通过对西湖周边用地开发模式、开发程度及西湖现状的研究，确定"一水两园三屿四岸"的传统园林空间结构和"大西湖二十六景"的景观格局，坚持开放西湖、文化西湖、生态西湖的规划策略，营造魅力西湖，"城湖共生"的生态画卷。"一水"即环西湖景区的核心所在，拥有丰富的水韵文化；"两园"即整合左海公园与西湖公园，实现"两园"的融合；"三屿"包括了古典山水胜景园林的开化屿景区、榭坪屿景区和以生态和休闲文化为主导的窑角屿景区；"四岸"即沿湖岸的城市开放空间，包括了南岸西湖晨曦景区、休闲清新的东岸休闲生活景区、古典风韵的西线书香景区和具有现代休闲文化的北部文化生活景区。"大西湖二十六景"即在规划的"一水两园三屿四岸"的景观结构上，为西湖景区重新修编了"西湖古八景""西湖新八景"和"左海新十景"的景观格局。

历史上较著名的"西湖古八景"为明代诗人徐熥所题：古堞斜阳、水晶初月、仙桥柳色、澄澜曙莺、荷亭晚唱（图4-3-5）、湖心春雨、大梦松声、西禅晓钟。民国四年何振岱为福州西湖增修古八景：湖天竞渡、龙舌品泉、升山古刹、飞来奇峰、怡山啖荔、样楼望海、湖亭修禊、洪桥夜泊。增修古八景多为西湖借园外之景而成，将西湖周边自然山水纳入西湖景观资源之中，突出"山—水—楼"的自然风景及山水相依的关系。福州西湖总体

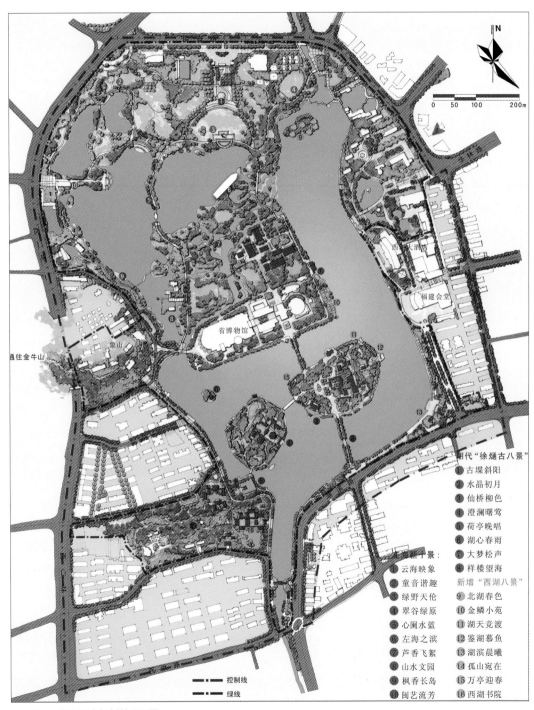

图4-3-4 福州西湖规划总平面图
（图片来源：郑庆国 绘）

规划重新修编了八景。"西湖古八景"：古堞斜阳、水晶初月、仙桥柳色、澄澜曙莺、荷亭晚唱、湖心春雨、大梦松声、样楼望海（屏山镇海）。"西湖新八景"：北湖春色、金鳞小苑（图4-3-6）、湖天竞渡、鉴湖慕鱼、湖滨晨曦、孤山宛在、万亭迎春、西湖书院。如今，

图4-3-5　西湖荷亭
（图片来源：黄晴 摄）

图4-3-6　金鳞小苑
（图片来源：王文奎 摄）

十六景中，除水晶初月、澄澜曙莺、万亭迎春外，其余均已建成。其中，鉴湖慕鱼和大梦松声是八景中传承福州传统园林较为典型的景点。

鉴湖慕鱼为西湖新八景之一，景点位于西湖后山（古有"小孤山"之称），占地约18.5亩，通过对原有地形地貌、道路、树木、湖岸的充分利用和结合，运用中国园林的"虽由人作，宛自天开""因地制宜，巧于因借""峰回路转，小中见大""植物拙奇和拟人格化"等传统手法，结合建筑、山石、湖水、桥梁、花木、红鲤和诗词书画等要素，进行叠山置石、修池跌溪、挑榭立亭、筑墙连廊、跨涧架桥、栽松种樱、楹联匾额、放养红鲤。屏障西侧高楼，引借湖光山色，从而创造了一个山石巍峨、步径曲幽、飞瀑跌溪、小桥流水、榭廊错落、鸟鸣花香、红鲤追月、樱红柳绿、内涵深刻、景色迷人的园林空间（图4-3-7、图4-3-8）。在鉴湖慕鱼景点中，水是园的中心，通过挖池掇山形成"鲤池"及"鲤池溅玉"假山。假山由湖石堆叠而成，主峰高7.8米，形似雄狮长啸，又似猛虎回头。山下挖池作潭，水自高泻下，俨然有飞流千尺之势。山前为瀑布水帘，游人可探洞观水，而山后为深潭滴水，有空谷清音之妙。环鲤池建有寻芳榭、鉴湖亭及观鱼廊，水中架设知鱼桥，池中水波莲动、红鲤悠游。中国园林讲究造园意境，所谓"景以境出，取势为主"，鉴湖慕鱼景点通过对山石、水体、建筑、植物的巧心经营，营造出"亭台楼榭、小桥流水、疏影扶芳、溪鱼唉月"充满诗情画意的观鱼境界。

图4-3-7 鉴湖慕鱼
（图片来源：王文奎 摄）

图4-3-8 寻芳榭看假山
（图片来源：王文奎 摄）

　　"西湖古八景"的大梦松声位于西湖之西，与西湖"三屿"之开化屿、谢坪屿遥相呼应。1956年被建设成福州动物园，湖头街的建设割裂了西湖自然山水的联系，大梦山的传统园林元素基本未能保存。2008年动物园整体搬迁至新址，通过重新规划周边交通，将湖头街大梦山段车行改道移出西湖，大梦山得以再次融入西湖自然山水的整体空间，实现古典自然山水园林的再造。通过挖掘历史文化，尊重历史风貌，恢复历史上西湖的重要景点"大梦松声"和"西湖书院"，打通山水联系，构建西湖的"山水格局"，建立大梦山与西湖的自然景观连接，使西湖真正成为融入山水景观，再现"山水西湖"的历史风貌（图4-3-9）。理水是中国传统自然山水园林的重要组成部分，大梦山景区重建过程中引西湖水入平章池，湖水因地势形成溪流、跌瀑，经西湖社至后池、再过西湖书院入墨池（图4-3-10），后穿雄兵桥流入西湖。通过因势造桥，巧妙植入假山瀑布，设置亭廊水榭等园林建筑，营造了闽都传统园林境界。

　　大梦山作为西湖景观视线的制高点，通过构建西湖与屏山之间的视线走廊，以确保从屏山镇海楼可以眺望整个西湖景区，在西湖可以望见镇海楼，借园外之景入西湖，领略西湖古八景中的"样楼望海"景致。对于恢复西湖古八景之一的"大梦松声"景点来说，重修"梦山阁"极为关键。历史上的梦山阁，通过何振岱编写的《西湖志》之《大梦松声》图，可以较清楚地了解当时建在接近大梦山山顶的梦山阁是一座建在石砌高台上的六角亭，亭四面开敞，设有栏杆，四周植老松，视野开阔，可纵览西湖。设计以考证《西湖志》为参照，又因大梦山顶树木遮蔽，若建亭则无法通视，因此将梦山阁设计成为三层三檐六角攒尖顶阁楼的建筑形态，近看是阁远观为亭，再现古时"大梦松声"之景，后人得以领略它的意境和风采，同时重建历史建筑也是一种文化载体的延续。

图4-3-9　从柳桥仙色看大梦松声的夜景
（图片来源：王文奎 摄）

　　福州西湖近年来还通过拆除湖边对视线有影响的围墙、建筑，重塑湖体驳岸形态，增加滨湖活动空间，敞开西湖，还湖于民，环湖营建"十里西湖"景观带及环湖步行道，串联沿线历史文化景点，给市民提供丰富多样的环湖游赏线路和景观优美怡人的滨湖休闲活动空间（图4-3-11）。从2017年开始，左海公园进行水系综合整治、环境提升改造，贯通西湖和

图4-3-10　西湖书院——墨池
（图片来源：郑庆国 摄）

图4-3-11　环湖的步行系统
（图片来源：王文奎 摄）

左海水系，"两园"融合，实现大西湖重要的水韵核心——"一水"的景观空间。至此，西湖公园与左海公园形成一体化的传统山水园林空间格局，通过长期建设、规划控制，渐进改善，最终实现"大西湖"的格局。虽然，谢坪屿的景观改造未能恢复"澄澜曙莺"景点，错失恢复古八景的机遇，窘角屿亦尚被诸多建筑占据，但是西湖将逐步恢复历史景点和自然生态环境，打造魅力西湖，实现大西湖传统历史风貌区的可持续发展目标。

二、于山

于山位于鼓楼区东南隅，占地11.9公顷，东至五一路，西至新权路，北倚鳌峰坊、法海路，南临古田路（图4-3-12），至明清时古城墙遗址所在位置，最高处鳌顶峰海拔58.6米。相传古时有"于越族"迁居于此，故名"于山"。于山又叫"九日山""九仙山"。唐《闽中记》云："越王无诸九日宴此，后人亦号九日山。"宋淳熙《三山志》云："本名于山，高一百十五步，周回三百十五步，相传何氏兄弟九人，升仙于此，因号九仙山。"

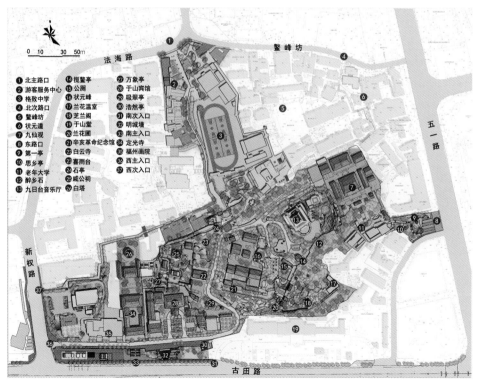

图4-3-12 于山总平面图
（图片来源：余捷 绘）

于山为三山中之东南犄角之山，山地的规模和高度虽为三山之末，但是却有独特的地位。于山北麓是福州重要的教育之地，宋代闽县儒学、清代鳌峰书院、格致书院，以及之后的福州师范学堂均建于此[1]，历代留下诸多科举教育的名人轶事。它与山北的文庙和府学，一起组成了福州古城的文教重地。于山的公共园林还与寺观祠庙结合紧密，在布局上善于利用高差来构景，寺观遍布山麓直至山巅，是福州三山中佛道最盛的山体。[2]

除了福州古城地标之一的定光寺白塔外（图4-3-13），亭、台、井、院落与山地的紧密结合是于山的一大特点，是福州山地园林的经典。于山历史上有二十四奇景，今存有九日台旧址、平远台、炼丹井、廓然台等景点，以及宋至近代的摩崖石刻113段，大多分布在鳌峰顶、金粟台、戚公祠、蓬莱峰等处。于山整座山形形似巨鳌，古时于山上有揽鳌亭、倚鳌轩、步鳌坡、应鳌石、接鳌门、眷鳌峰等六鳌胜迹，因宋状元陈诚之于山峰顶读书高中，故又名状元峰，峰顶建有状元亭，可俯瞰于山众峰之景（图4-3-14）。清林枫《榕城考古略》："自山坪踅级以登，千峰万井皆在屐舄之下。"峰下一巨岩上镌刻也名"平远台"（图4-3-15），建于宋代，为于山第一名胜。明代诗人曹学佺感慨道："台存则名山存，台废则名山废"。其中平远台的"平"字石刻已被岩上古榕须根遮蔽大半，从整体上看，台、亭与榕树植物景观结合紧密。于山山顶的九日台，为旧日登高之地，传汉初闽越王无诸重阳节在此登高望远、宴饮歌舞，今仍是市中心百姓登高健身赏景的佳处。

于山的各类寺观祠庙和附山园林都能依循山势，利用高差形成丰富的空间层次，屋宇虽

图4-3-13　定光寺和白塔
（图片来源：王文奎 摄）

图4-3-14　状元峰和状元亭
（图片来源：王文奎 摄）

图4-3-15　平远台
（图片来源：王文奎 摄）

密集，但犹如在深山旷奥之地。大士殿原为宋嘉福院遗址，现为建于清代的宗教建筑群，依山势自下而上分为前、中、后三进，占地面积3000平方米，建筑面积1900平方米。平远台与戚公祠院墙、白云寺建筑共同围合成一个可远眺、可聚会的公共空间（图4-3-16），附近有蓬莱阁、醉石亭、吸翠亭、补山精舍等诸多胜迹。舒啸台东北处的九仙观，居于山岗之上，是于山最大的庙宇，始建于北宋崇宁二年（1103年），殿宇气派辉煌，供奉玉皇大帝和九仙，俯瞰视野极佳。

　　于山古时附山私家园林多，周边分布有红雨楼、绿玉斋、少谷草堂、赌棋山庄、黄仲昭故居等。但随时间消逝，仅留下些许遗迹可寻。明代徐熥、徐𤊹兄弟家在于山，于红雨楼旁建绿玉斋，写下了于山的特点及其对于山宅园的由衷喜爱："小山仅同蚁垤，然视郭中民居，已高数丈。每一流览，万井千邯，群峰列岫，吞吐且八九矣。昔人有言轩冕之乐，造物于人不甚惜，独一丘一壑，未尝轻以与人。吾斋无壮丽之观，无奇珍之玩，四壁萧然，仅蔽风雨。然市声不入耳，俗轨不至门，焚香煮茗，摊书搦管，则邱壑之怀于焉而寄。即有轩

图4-3-16　戚公祠前的公共空间
（图片来源：王文奎 摄）

冕，吾不与易矣。"[1]

　　新中国成立后，于山先后于1963年、1998年、2005年进行了多次保护修缮和提升。2019年，秉承"显山露水、还山于民"的理念，实施了于山风貌区的全面保护提升工程。开辟提升了东、西、南、北八条进出通道，重修太平巷山地街巷景观，并通过观巷步道打开北入口，通过状元道联系鳌峰坊，通过太平巷连接文庙和乌山。

　　拆除于山管理处、东方书画社、东门车库、僧侣宿舍等不协调建筑，修缮了明代城墙遗址、戚公祠、大士殿、天君殿、状元峰、平远台、九日台、舒啸台、倚鳌轩等建筑和风景点，恢复了状元道、状元府等旧时景观，重修接鳌亭、恢复了杏坛、喜雨台等已毁的奇景节点和涵碧亭等历史建筑（图4-3-17），强化了于山与古城墙、两塔的关系（图4-3-18～图4-3-20）。

① 于莉莉. 徐𤋮的《绿玉斋记》与绿玉斋 [J]. 闽江学院学报，2011，32（3）：9-12.

图4-3-17 喜雨台和涵碧亭
（图片来源：王文奎 摄）

图4-3-18 搬迁办公建筑复建喜雨台涵碧亭，可平视白塔、远眺乌山
（图片来源：余捷、王文奎 摄）

图4-3-19 于山古城墙遗址
（图片来源：黄晴 摄）

图4-3-20 于山太平街、观巷节点广场对景白塔
（图片来源：黄晴 摄）

在保护修复名胜古迹的基础上，进行山地园林的全面提升。通过拆除、整治、改造的措施，对于山及周边13处不协调建筑进行清理、整治和景观风貌改造。遵循传统山地造园手法，优化绿植和各处景点设施，提升扩建兰花圃。对标景区标准，完善了停车空间及沿路游客休憩配套设施，全面缆线下地，增加公园夜景，更新智慧导览等系统。保护整治后的于山，强化了历史风貌特色，延续了千年文脉。

三、乌山

乌山位于福州城西南隅，海拔86.4米，总面积约25公顷，为古城三山之首。据说汉代何氏九仙重阳节登高乌山，引弓射乌，故名"射乌山"；宋代熙宁年间，福州郡守程师孟认为此山可媲美于道家蓬莱、方丈、瀛洲，名曰"道山"；因山体为黑云母花岗岩颜色乌黑，又称"乌石山"（图4-3-21）。乌山山脉为东西向的一条主脉，东麓为第一山也称天皇岭，西麓为豹头山又名石帽山。山有二支脉，于乌山之北，为闽山和钟山。乌山最初在福州城之外，梁开平二年筑夹城，始将乌山全围入城内；至宋代又在山南边筑城，山城格局维系至明清时期。乌山、于山、屏山三山对峙，乌塔、白塔和镇海楼对望，构成了福州古城最为独特的城市景观格局。尤其是乌山与于山对望，古城屋宇墙垣如同万顷碧波，乌塔、白塔鼎立其中，构成了福州古城最具代表性的历史影像（图4-3-22）。

乌山风景秀丽、古迹甚多，历代来即是著名的风景旅游胜地，具有深厚的历史文化底蕴。据志书记载，其景分山东、山西、山阴、山阳、山脊五路，有"三十六奇"和"五十五

乌石山山前图　　　　　　　　　　　乌石山山后图

图4-3-21　乌石山图
（图片来源:《乌石山志》）

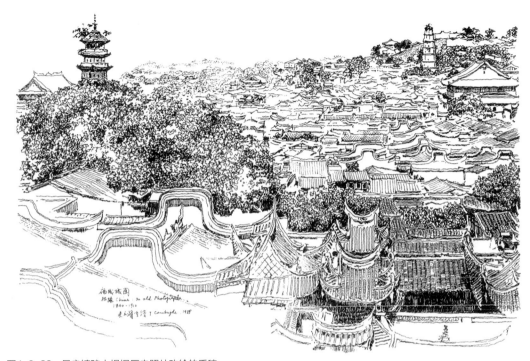

图4-3-22　吴良镛院士根据历史照片改绘的手稿
（图片来源：吴良镛. 寻找失去的东方城市设计传统——从一幅古地图所展示的中国城市设计艺术谈起［J］. 建筑史论文集，2000（1）：1-6；228.）

奇"之说，素有"蓬莱仙境"的美称。山上亭、廊、祠、寺等文物古迹数不胜数，寺观、亭台、林岩相映成景。山中还兼有宿猿洞、邻霄台、道山亭、般若台、先薯亭等诸多遗址。乌山邻霄台位于乌山最高点，其台面极为宽广，可容纳百人，是福州古代文人登高远眺的绝佳之地，也是社稷祭祀之处，历代文人皆有唱颂。乌山摩崖石刻众多，存摩崖石刻有200多处，篆、隶、楷、行、草各臻其妙，尤以李阳冰（唐）的篆书、米芾（宋）的行书、叶向高（明）的草书弥足珍贵（图4-3-23）。

　　由于乌山山林景致雅静，既是福州三山中的最佳游览胜地，也是文人园林和寺观繁盛之地，如双骖园、鳞次山房、涛园、第一山房、郭柏苍书斋、竹柏山房等，以及石塔寺、道山观等。老照片中就可见这些园林多位于山麓，地势多变，园门的设置多与山径相通，园中景致的布置因地制宜，因地就势布局，园林园径与山径相通便于交通。例如旧时乌山南麓的涛园，《乌石山志》记载："环（乌石）山为寺观、园亭者数十，许氏涛园最胜。"涛园的营造多根据山水地形因地制宜地展开布置经营，除建筑小品外的园林要素人工痕迹较少，皆出于自然，使园林有"宛自天开"之感，是文献记载中明清时期乌山私家园林兴盛的重要体现之

图4-3-23　道山亭及李阳冰、叶向高、米芾的书法
（图片来源：王文奎 摄）

一，其反映了不同于坊巷私家园林的造园手法，因借自然山水，造园要素围绕天然山石布置，是闽都古典园林重要的造园特色之一。①可惜这些山地园林今已无存，仅遗存"旧涛园"（图4-3-24）"霹雳岩""清泠台"等石刻。

　　20世纪后半叶，乌山南麓逐渐成为政府所在地，山上陆续建有电视台、气象台等设施。乌山也历经了不断地保护和整饬修缮，1979年，福州市做出"还山于民"的决议，之

---

① 郑珊珊. 乌山涛园与明清福州世家的文化记忆［J］. 海峡教育研究，2014（4）：13-20.

后逐步恢复部分景点。2007年，以乌山东麓的天皇岭、乌塔广场、北广场和海阔天空等为重点实施了乌山一期的提升，基本修复了乌山东半部的一些景区景点。2020年，全面启动乌山二期的提升，搬迁了省气象局及省广电的风貌不协调建筑共50多栋，总建筑面积达3万多平方米；重点打造了双骖园、半岭园、通德园、西园、紫清园、罗浮岭、石天景区共七个景观单元，实现了东西贯通、整体提升（图4-3-25）。总体上，以《乌石山志》记载及乌山景区的历史沿革为依据，逐步恢复风貌区的特色。重点围绕以下策略要点：

图4-3-24　乌山旧影和现存的旧涛园石刻
（图片来源：哈佛大学燕京图书馆藏，黄晴 摄）

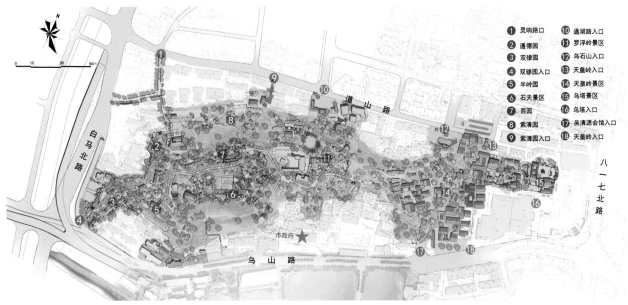

图4-3-25　乌山历史风貌区平面图
（图片来源：余捷 绘）

重寻名城山水格局。搬迁驻山单位的不协调建筑，全面开敞乌山重要的视线通廊，重新寻回了乌山—屏山、乌山—于山以及乌山与周围重要城市风景资源的视点和视廊关系。在维持气象观测连续性的基础上，最大程度恢复了邻霄台及不危亭，让乌山顶部台面重新成为福州百姓登高览胜的佳处，近观屏、于二山，远眺苍茫闽江和鼓山、莲花山，又现"邻霄"的意境（图4-3-26、图4-3-27）。根据百年前旧影，择址重建仰止亭，复建与屏山、莲花山和三坊七巷的历史视线通廊（图4-3-28）。

发掘历史文化资源。全面保护和挖掘乌山的历史文化资源，在保护好既有文物基础上，如考古般细致地发掘重现乌山摩崖题刻和其他遗存，复寻邻霄台等名胜古迹。寻回了寿山福海、邻霄台寿字、大宋社坛铭等珍贵摩崖石刻（图4-3-29）；考证了邻霄台的所处位置

图4-3-26 邻霄台建筑拆除后恢复眺望点的前后对比
（图片来源：王文奎 摄）

图4-3-27 邻霄台又可远眺于山白塔和鼓山
（图片来源：王文奎 摄）

屏山镇海楼
北峰莲花山
三坊七巷

图4-3-28　仰止亭又现与镇海楼莲花山的视线联系
（图片来源：王文奎 摄）

图4-3-29　新发掘整理的摩崖题刻
（图片来源：王文奎 摄）

（图4-3-30）；依据历史旧影和文献记载，全面整饬山地园林，重修了不危亭、仰止亭、放鹤亭等，恢复或修葺了双松梦、啖荔坪、双骖园、西园、通德园、王壮愍公祠和罗浮岭等乌山胜景（图4-3-31、图4-3-32）。

开门见山完善路网。提升山地公共园林的道路及游览设施，形成10个主次出入口。总长6.8千米的游赏园路系统，实现与周边区域衔接，连接了三坊七巷、文庙、乌塔、于山、

图4-3-30 通过百年前后的照片推测邻霄台位置
（图片来源：现状照片为石磊磊 摄，老照片引自伊莎贝拉·露西·伯德（英）的《中国图像记》）

图4-3-31 罗浮岭王壮愍公祠旧影

黎明湖等周围景观资源，并利用乌山隧道，实现乌山南北的步行贯通，也实现了三坊七巷至黎明湖的联系。尤其是搬迁了气象台，其用地修葺双骖园为西南主入口，无障碍园路连接至乌山顶峰的邻霄台，途经仰止亭及不危亭，直至道山亭和道山观，基本连通了乌山东西山脊，一路形成最佳观山览城线路，可环视全城，可北眺屏山镇海楼，还可东望于山白塔，并与九日台遥相呼应。

妙手双修整饬园林。针对建筑拆除后的受损山体，实施了近自然的山体修补和生态修复技术。保护以榕树为代表的乌山山体植被，结合文献记载增补梅花、桃花等花木，营造典型的传统山地园林。乌山以石为主，以近自然融合的模式修复山石形势。如气象台搬迁后破碎山体磶口的修复形成了双松梦（图4-3-33），以及西入口的双骖园景区（图4-3-34）；西园和罗浮岭也巧妙地以岩石公厕和覆土式泵房建筑修复山体断崖，保证了历史名山的山体完整性（图4-3-35）。对于无考证依据的原山地宅园，则结合山地现状，以开放空间和小型亭廊设施的形式，提供山地游览的服务功能。

图4-3-32 王壮愍公祠前重现山石台面
（图片来源：王文奎 摄）

图4-3-33 气象台搬迁后恢复的双松梦景点
（图片来源：王文奎 摄）

图4-3-34 乌山西入口
（图片来源：王文奎 摄）

图4-3-35　气象台建筑搬迁后生态修复的邻霄台北坡山体
（图片来源：石磊磊 摄）

四、屏山

屏山，位于福州古城正北，坐北朝南形如屏状，故称屏山，因汉代闽越王无诸在南麓建"冶城"，故也称"越王山""越山"。屏山为花岗岩残丘，高72.3米，主脉呈北偏东走向，山坡较为平缓，延伸范围较广支脉较多，南有冶山、王墓山，东南延伸有龙山、芝山。与乌山、于山的花岗岩脊状山顶不同，屏山顶部覆盖着发育不等的残积层和坡积层，鲜有自然出露的基岩，土层相对较厚，植被也更为茂盛。而今屏山除了主峰外，平缓的坡地已经在2000余年的古城变迁中变成了城市的一部分，冶山、王墓山等也成了城区中独立的山体和低丘。

屏山作为闽越国发祥地，早在唐宋就禁止樵采，是福州最早的历史文化保护区，文物古迹和风景名胜众多。根据《榕城考古略》记载，闽越王无诸葬在屏山南麓，其子孙后代遂于屏山修筑宫殿。[①]屏山南麓保留有五代十国兴建的华林寺，几经兴废，目前仅存大殿，是千年以前的原构件，为长江以南最古老的木构建筑，列为全国重点文物保护单位。明代福州以石砌城墙北跨屏山，建城楼于其上，"建北城之标，障北山之缺"，称为"样楼"，后更名镇海楼，"工在楼意实在海"。镇海楼的修建最初是用作军事防御的望敌楼，故位于福州城南北中轴的北部端点上，后演变为游憩观赏的瞰江楼，文人墨客常汇集于此远眺远山、闽江风景。山间更有亭台楼阁、奇特山石、摩崖石刻等景致增胜。

山西北还有"苔泉"井，又称龙舌泉，宋代书法家蔡襄任福州知州时，于此煮水烹茶，于井旁一方石碑，刻"苔泉"。此外，屏山旧有环峰亭、绝学寮，为宋丞相张浚读书处。古时屏山北坡为一片桃林，每当早春二月，一望如锦。

民国时期，因战乱山上遭破坏成为荒山坡。1950年后开展大规模植树绿化。20世纪60年代福建省政府迁入于山南麓，建成大量房屋，而山顶和北麓仍开放为公园。镇海楼于"文革"期间被毁，后于2008年4月在原址恢复重建开放，遂又成福州的城市地标（图4-3-36）。

镇海楼作为屏山主景，也是福州城市地标性建筑，与于山的白塔、乌山的乌塔，一起构成了福州古城的城市总体景观格局。重修镇海楼参考了《西湖志》和《镇海楼记》的建筑尺寸，但结合场地周围环境，以"仿古建筑"的形式重建，以保持城市基本格局，恢复屏山与镇海楼的相依关系，重新恢复传统中轴线端点的景观意象。因此，此次重建的镇海楼的楼阁部分基本上是按明洪武四年的形制，采用二层楼阁形式，一二两层尽间设柱廊各一周；一层面阔九间通面宽为42.5米，进深五间通进深为23.9米；二层为歇山顶，面阔九间通面宽为39.8米，进深五间通进深为21.2米；楼体总高21.3米。而台基部分比明代原型加高10米，

---

① 欧潭生. 福建福州市新店古城发掘简报［J］. 考古，2001（3）：15-27；99.

其意图一方面是为了强化楼与山的整体关系，另一方面是为了充分体现楼址周边环境的现状，让"三山"之间关系更加紧密并有更多的视角观赏镇海楼（图4-3-37）。所以，此次重建的镇海楼既是历史原型的反映，又是艺术的再创造。①

图4-3-36　镇海楼及屏山全景
（图片来源：石磊磊 摄）

图4-3-37　镇海楼览城
（图片来源：王文奎 摄）

① 严龙华，罗景烈. 福州镇海楼重建设计 [J]. 古建园林技术，2010（1）：71-73；88.

　　镇海楼重建后，陆续开展了屏山山体景观的提升（图4-3-38）。2018年全面实施屏山公园整治提升和步道建设，以山体保护为第一原则，以镇海楼为中心，外迁不协调建筑，强化了屏山入口空间与整体山地环境的融合，丰富山地植被多样性，进行了诸多人文景点的恢复和休闲步道的增设。在原有台阶登山道的基础上，因山就势修建无障碍休闲步道，宽1.8～2.5米不等，坡度控制在5%左右。同时对原登山道进行改造，加大了踏面宽度，将自然错落式的阶梯与无障碍坡道相结合，多点交叉丰富路径，串联各个景点，打造出老少皆宜

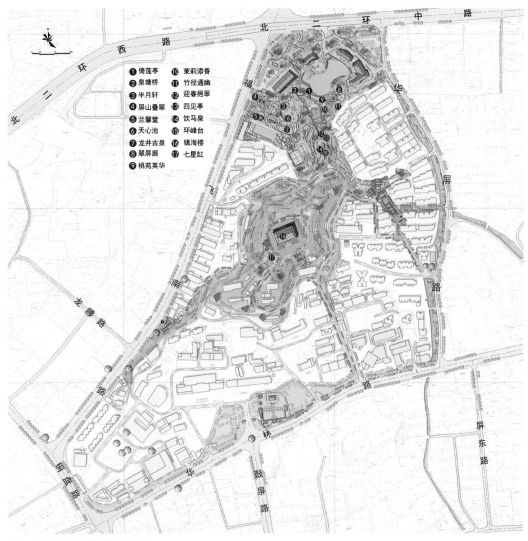

① 倚莲亭　　⑩ 茉莉添香
② 泉塘桥　　⑪ 竹径通幽
③ 半月轩　　⑫ 迎春挹翠
④ 屏山叠翠　⑬ 四见亭
⑤ 兰馨堂　　⑭ 饮马泉
⑥ 天心池　　⑮ 环峰台
⑦ 龙井古泉　⑯ 镇海楼
⑧ 翠屏廊　　⑰ 七星缸
⑨ 桃苑英华

图4-3-38　屏山整体提升平面图
（图片来源：余捷 改绘自《屏山历史风貌区保护规划》）

的历史文化名山山地步行系统（图4-3-39）。步道连接了入口主轴区、平台诗会区、绿荫游园区、荷塘垂钓区、古泉湿地区、山林漫步区、赏荷游憩区和镇海楼共八个功能分区，串联起了修缮、恢复和重建的天心池、半月轩、龙井古泉、泉塘桥、芙蓉塘、倚莲亭、翠屏廊、四见亭、饮马泉、环峰台等屏山十八景，并与城市慢行系统相衔接。特别是重点提升了福飞南路主入口广场的仪式感，刻有"绍越开闽 镇海通津"八个大字的照壁成为视觉焦点，彰显了屏山在古城中的显赫地位（图4-3-40）。

图4-3-39 屏山的游步道与镇海楼
（图片来源：王文奎 摄）

图4-3-40 西入口照壁"绍越开闽 镇海通津"
（图片来源：王文奎 摄）

五、冶山

冶山位于屏山东脉，又名泉山、将军山、城隍山，是福州唐宋以来著名的风景胜地。公元前202年，无诸因佐汉击楚有功，被封为闽越王，其于屏山东脉（即冶山）修建都城，因冶山之名，城名"冶城"（图4-3-41、图4-3-42）。之后的2200多年，这里始终是福州古城演变的重要见证和城市中轴线的关键节点。唐末五代，闽王王审知利用冶山南麓的唐代都督府作为衙署；宋末端宗改为垂拱殿，即位于此。后历经千年，直至当代，冶山一直是福州城重要的政治中心，官衙、贡院以及当代的行省政府部门，都位居于冶山及其周围。20世纪八九十年代，陆续考古出土一些汉代遗物，如屏山地铁站的汉代万岁瓦当等，证实这一带为"冶城"所在地。宋梁克家《三山志》载："经累代营造修筑，山形今卑小矣。然观唐元和中犹巉峭幽邃如许，则秦、汉间益可知。"可知原冶山山形应该较为高大，由于历代修城取土，逐渐成为城中低丘（图4-3-43）。

图4-3-41　冶山复原图
（图片来源：翻拍于冶山春秋博物馆）

图4-3-42　位于城直街的冶山古迹石刻
（图片来源：王文奎 摄）

图4-3-43　冶山现状
（图片来源：王文奎 摄）

　　冶山北侧为欧冶池，为福建最古老的一口池。相传春秋时越王允聘请欧冶子于此铸剑，而后西汉闽越王无诸也于此淬剑。唐元和八年（813年），福州刺史裴次元在冶山南开辟球场，"即山为亭，勒二十咏"，作为二十景之一的"越壑桥"保留至今。《球场山亭记》碑文记载："转石而峰峦出，浚坳而池塘见，高亭结构而虚敞，为潭、为洞、为岛、为沼，窈窕深邃，安可殚。"山、水、亭、路、桥、台、岭、池、川、岩、冈、谷、坡等景观元素丰富，不仅彰显了冶山"中间凸起、南北平夷"的地形，也巧妙利用了冶山周围的湖山之胜，连通了剑池与球场，使其成为视野极佳的观球看台，成为当时由官府兴建、向百姓开放的公共园林空间。[①]

　　宋代，福州知府程师孟在欧冶池旁建置亭、楼阁、舫，欧冶池与冶山（泉山）连成一片，此地遂成为山水优美的公共园林。宋《三山志》记："程大卿师孟，创瓯冶亭……又池之南，陇阜盘迂，乔林古木，沧州野色，郁然城堞之下。于是亭阁其上，而浮以画舫，可燕可游。亭之北跨濠而梁，以通新道，既而，州人士女，朝夕不绝，遂为胜概。"明成化十五年（1465年），欧冶亭移建至剑池之西，清道光八年（1828年），当地乡绅重浚欧冶池，面积三倍于之前，并重建欧冶亭于池南。据载池旁有凌云台、五龙堂、三皇庙等景致，俱废，仅遗存一石碑，镌曰："三皇庙、五龙堂、欧冶池官地。"旧还有一碑，镌曰："光绪壬辰端阳节（右边楷书小字）。欧冶子铸剑古迹（中间隶书大字）。"1983年福州市将欧冶池列为市级文物保护单位，疏浚水源，并修建剑光亭、石舫、喜雨轩、月台等景（图4-3-44）。[②]

① 沈伟棠，昌庆元，陈小英. 从出土《球场山亭记》碑论中唐福州城市公共园林 [J]. 中国园林，2021，37（11）：133-138.
② 卢美松. 福州名园史影 [M]. 福州：福建美术出版社，2007.

　　冶山山巅原有天泉池，为裴次元疏浚而得，《三山志》载："游鳞息枯池，广之使涵泳。疏凿得蒙泉，澄明睹秦镜。"池中常年涌出泉水，沿山势分为一曲、二曲直至九曲，旧时还有模仿九曲格局，用小石砌筑的曲径，后人已进行复原（图4-3-45、图4-3-46）。山顶为

图4-3-44　欧冶池今照
（图片来源：王文奎 摄）

图4-3-45　冶山顶曲水流觞和摩崖题刻
（图片来源：王文奎 摄）

玩琴台、观海亭（今不存），以及名人留下的摩崖石刻不下50段，均集中在山巅。冶山植有榕、榆、朴、笔管榕等古树，至今仍郁郁葱葱。冶山山麓四周旧有许多别业、精舍，譬如伊园、冶山别墅、冶山别业、冶麓草堂、翠微楼、冶山精舍等，其中以位于冶山南麓中山路的伊园最为出名。清道光年间，举人王景贤将原马球场改建为别业，冶山山麓建有书楼，为王景贤读书处。伊园内花木种类繁多、假山古木别致。民国时期，并入中山公园。抗日战争时期，园景被毁。现冶山越壑桥东侧萨镇冰故居（即泉山仁寿堂）已得到修缮（图4-3-47）。

图4-3-46　冶山九曲的题刻
（图片来源：王文奎 摄）

图4-3-47　冶山仁寿堂
（图片来源：王文奎 摄）

　　20世纪90年代初始，通过对冶山及周边地区地下考古发掘，发现各个时期的遗存：有汉代原生堆积的较大规模文物层，出土大批汉代的文物；有唐代裴次元的马球场遗址，是我国已找到的第一个唐代马球场；以及之后宋元明清历代的遗址遗存，均有考证和发掘。由于冶山是福州城市的发源地，在2200多年里也始终是城市的中心地带，这里历史遗存之丰富，时间跨度之长，为国内少见，是福州有史以来最重要的考古发现，也是冶城在福州最直接的佐证。历代的都城建设和风景营造留下了大量古代园林的遗存，有欧冶池、伊园（冶山胜境）、泉山九曲二十四景，摩崖石刻以及水系、亭榭等，都是闽都园林的重要遗存。

　　近现代随着城市建设，冶山周围陆陆续续建设了大量的机关单位和居民区，占据了冶山及欧冶池周围，仅剩冶山主峰和欧冶池部分。2017年始，根据冶山历史风貌保护区的规划，开始拆除与历史风貌不相符合的办公和住宅楼，将各处考古遗址、冶山、欧冶池及周边，直至鼓屏路地铁站广场，全部打通联系建设为冶山春秋园（图4-3-48）。既有考古遗址地的保护展示及

图4-3-48　冶山春秋园总平面图
（图片来源：陈志良 绘）

保留未来二次遗址发掘考古的条件，也有对遗存历史遗迹景观的保护，还有作为城市中心区公园绿地的功能。公园自北向南、自西向东形成一条从秦汉时期至民国时期的历史轴线：从闽越王无诸时期宫殿遗址，再到泉山明清的摩崖题刻，再到唐代马球场的遗址，最后接入中山路民国建筑风格。全园分为两个片区，即遗址考古发掘区、冶山欧冶池核心保护区。

冶山欧冶池核心保护区：重点保护遗存的历史要素和植被绿化，修复受损的冶山山体本体和余脉。在冶山和欧冶池间恢复闽越王亭，修复冶山与欧冶池的历史关系；修复仁寿堂（萨镇冰晚年故居）作为历史展示馆，修复泉山石刻、冶山古迹、冶山古井、楼梯等文物，保护古树；结合跑马场遗址设置东入口广场，与中山路历史街区相衔接（图4-3-49）；保护欧冶池水环境，修缮喜雨轩等建筑，设置北部入口广场。

遗址考古发掘区：该区域临近屏山地铁站，尚未开展考古发掘工作，从地铁站施工发现大量汉代文物的情况推测，该片区具有重要的遗址二次考古发掘的必要性。因此对该片区采取以树林草地为主的形式，形成舒朗开阔的公园空间，确保八一七路城市中轴线和地铁口至欧冶池的视线通廊；在路口广场设无诸塑像（图4-3-50），南侧省卫生厅侧边界设置无诸开疆建城的浮雕墙，利用保留风貌建筑建设博物馆（图4-3-51），系统介绍冶山重要历史

图4-3-49　冶山春秋园东入口
（图片来源：王文奎 摄）

信息；场地中央林间设置下沉式广场，展示考古发掘场地及部分物件，留下今后再考古发掘的条件，也作为重要的休憩空间（图4-3-52）。

　　冶山春秋园作为市中心地段展示福州2200多年历史的遗址公园，从修复被破坏的冶山余脉和水系格局入手，做到三个结合：遗址保护与当代城市空间布局相结合，遗存保护展示与游憩功能结合，历史信息还原与造园艺术相结合（图4-3-53），是当代城市遗址类公园绿地建设的重要探索和努力。

图4-3-50　东入口广场的无诸雕像
（图片来源：王文奎 摄）

图4-3-51　冶山春秋博物馆
（图片来源：王文奎 摄）

图4-3-52 地下埋藏区和疏林大草坪
（图片来源：王文奎 摄）

图4-3-53 冶山相关的书法题刻
（图片来源：王文奎 摄）

六、南公园

　　南公园位于福州市中心国货西路，占地约60亩，至今已有300多年历史。该公园曾是靖南王耿精忠家族的花园府邸。据《竹间续话》记载，"南公园，在水部门外，旧为耿精忠别业。"园林幽胜甲于会城内外，有"七桥秋色胜江南"之说。

　　南公园始建于清初，顺治十七年（1660年）靖南王耿继茂从广州移驻福州后，将今国货路的明朝贵族花园辟为别墅，称"耿王庄"。范围东至今象园乡，为养象之所；南至今鹤存巷，为养鹤之处；西至旧称"箭道仔"地方，为习武射箭之地。别墅原有桑柘馆、荔枝亭、藤花轩、望海楼和梳妆楼等亭台、楼阁、池桥，取"玉带环腰""万寿无疆"之意，还在花园周边饲养有帝王寓意、从广州带来的印度象、白鹤，现留有"象园""鹤存"等地名遗址。

　　耿精忠接手后，曾大肆扩建至33公顷，造假山、砌石桥，建有亭台、楼阁、水榭，遍植荔枝、龙眼、榕树、紫薇、梧桐等。1682年，耿精忠谋反被杀后，别墅被烟商和盐商陈恒猷所购，直至1866年因欠官资被没收。同年闽浙总督左宗棠在此设立桑棉局。清光绪年间，王补帆督闽，捐金修复，并植梅十三本于其中，更名"绘春园"。民国四年（1915年），福建巡按许世英辟为城南公园，建黄花岗烈士祠于园中。园内台榭参差，林木荫郁，有黄花岗烈士祠、桑柘馆、荔枝亭、藤花轩、望海楼、藕池、梳妆楼等诸胜。抗日战争时期，公园遭受日军破坏，大部分建筑被毁。20世纪80年代，外商投资改建，新增游乐设施和水上乐园等，园景已非[①]，原有的格局也已经基本无存。2010年后相关部门对南公园开展了修缮工作，新增入口大门、长廊和桑柘馆等古典建筑以及假山等，但存在传统规制和造园工艺等方面的一些争议和不足。2018年，结合福州市内河水系综合治理和南公园历史风貌区的整体打造，对南公园再次进行修缮提升。在保留园内主要建筑、假山、古亭、石拱桥、梳妆台等历史及文物遗址的基础上，进行公园整体修复和扩建提升。

　　园区划分为前院、中庭、后园三个分区（图4-3-54、图4-3-55）。前庭由正对入口牌坊的主房桑柘馆和两侧连廊包围而成，轴线对称的布局，彰显王府气势。穿过桑柘馆至房南面，即中庭部分，有台榭林泉之胜。桑柘馆朝南面向一方蜿蜒长池，长池四周花草树木盎然生趣，再置以假山伴水、亭台探水、回廊绕水，呈现出"一水方涵碧"的景致（图4-3-56）。池中缀一蓬莱小岛，岛中有一荔枝亭，亭边植有荔枝树数棵，小桥穿连，景致优美。中庭末端为两层高"望海楼"，登楼可览全园美景，楼前临池水台为梳妆台。"望海楼"东南侧为后园，因种植有梅花，红梅花开，满园春色，故沿用历史记载的"绘春园"命名。园内曲径

---

① 福州市园林绿化志编纂委员会. 福州市园林绿化志［M］. 福州：海潮摄影艺术出版社，2000.

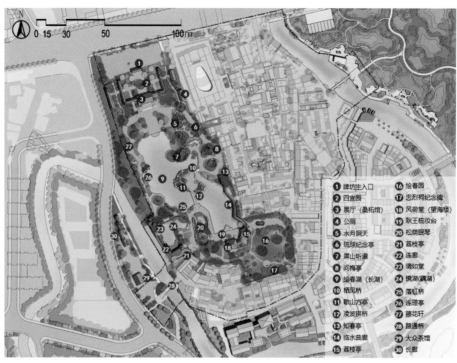

图4-3-54　南公园平面图
（图片来源：程兴 绘）

❶ 牌坊主入口	⓰ 绘春园
❷ 四宜园	⓱ 忠烈祠纪念碑
❸ 展厅（桑柘馆）	⓲ 风荷堂（望海楼）
❹ 公厕	⓳ 耿王梳妆台
❺ 水月洞天	⓴ 松荫抚琴
❻ 琉球纪念亭	㉑ 荔枝亭
❼ 屏山听瀑	㉒ 连廊
❽ 问梅亭	㉓ 清如堂
❾ 绘春湖（长湖）	㉔ 镜湖（藕湖）
❿ 栖凤桥	㉕ 落虹桥
⓫ 歌山方亭	㉖ 连理亭
⓬ 凌波拱桥	㉗ 藤花轩
⓭ 知春亭	㉘ 路通桥
⓮ 临水曲廊	㉙ 大众茶馆
⓯ 荔枝亭	㉚ 长廊

图4-3-55　南公园俯视全景
（图片来源：程兴 摄）

图4-3-56　南公园水景
（图片来源：黄晴 摄）

通幽，深处有左宗棠纪念碑亭、辛亥革命烈士纪念石碑各一处。

　　据南公园的历史文化元素打造相应的景点，并沿用原有景点及相应典故进行命名，园中设置桑柘馆、藤花轩、望海楼、藕池、连理亭、清如堂、琉球亭、临水曲廊、荔枝亭、问梅亭、万寿廊等11处核心景点。在公园整治中，通过对历史文献的研究，在现场整治优化过程中，提炼出"南公八景"，即涵碧叠影、水月洞天、屏山听瀑、藕池观鱼、红梅绘春、曲影菡香、妆台梳云、松荫眠琴。其中最特别的是园内长廊，总长达300多米，为福州公园之最，全廊采用木质结构打造，横梁上采用彩绘，刻有自然山水和花鸟鱼虫，几百幅绘画长卷无一雷同，穿行其间，形成移步异景的观赏效果（图4-3-57）。

图4-3-57　南公园局部
（图片来源：程兴 摄）

第五章

寺观园林

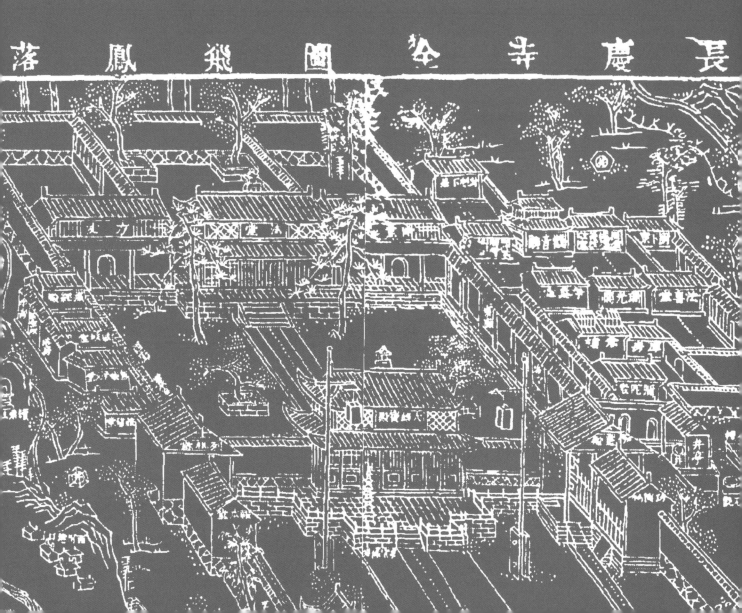

落鳳飛圖畫寺慶長

第一节　寺观园林历史

福州佛教的发展历史悠久，西晋太康元年（280年）的药山院是福州见诸于文字记载的第一座寺院。[①]建于梁代的开元寺为福建现存最古老的禅寺，曾是福建历史上规模较大的寺观园林，占据福州城中"九山"之二的灵山、芝山，有十六柱亭、灵源高阁、凌空高塔、数十亩莲池。唐朝时，福州有四大禅寺，分别称东禅寺、南禅寺、北禅寺和西禅寺，位于福州四城门外，规模较大。五代时期历任统治者对佛教推崇备至，这一时期寺庙大多建有园林，或将庭院园林化，且与自然山水相互结合。[②]

宋时福州寺观数量多、规模大、寺观经济发达，出现"潮田种稻重收谷，山路逢人半是僧。城里三山千簇寺，夜间七塔万枝灯"的景象。宋代福州已有五大丛林，分别是城东郊鼓山的涌泉寺、西门外的怡山西禅寺、闽侯雪峰山南麓的雪峰寺、北郊象峰山麓的崇福寺和北郊瑞峰山麓的林阳寺。[③]明清之际福州寺庙已遍及风景游览区，除了本身园林特色外，还结合自然山水，形成以寺庙为中心的公共游览地。明陈衍《黎公崖记》提到"乌石神光寺大殿后有峭壁，高广将十寻，嵌空而俯，翠色黯然。"

清代至民国，佛教复兴，新建、扩建的寺庙不在少数，涌泉寺、雪峰寺、黄檗寺等一批寺庙均得到修缮。清中后期福州的寺观园林除经营附属园林、庭院绿化以外，更注重对寺庙周边园林环境的营造。[④]寺庙周围古木参天，郁郁葱葱，主殿附近多高大乔木，营造庄严肃穆的氛围，庭院内以种植本土树种和花卉为主，体现"禅房花木深"的趣味。

城隍是中国宗教文化中普遍崇祀的重要神祇之一，一般各个城市均有城隍庙。福州的城隍庙，始建于西晋太康三年（282年），清雍正年间，升格为"福建都城隍庙"，其名沿用至今。曾经也规模较大，据记载原址位于冶山西南麓的城隍街，庙门到大殿，有石阶百余级，可见气势雄伟，清林枫《榕城考古略》亦云"城隍庙枕冶山之麓，晋太康中迁城后建……冶山者，以本冶城旧地，且近欧冶池而得名也。今则皆称城隍山矣……近多营造庙中司神廨宇，山左右铲凿殆尽，山无完肤矣。"1700多年来，庙宇几经修废，盛于明，鼎于清，衰于民国，毁于"文革"，如今的福建都城隍庙是20世纪90年代海内外信众筹资，在原阴阳司、侯爷殿旧址重修而成，规模大不如前，仅有数百平方的祭祀祠堂，周遭园林环境已无从考证。

---

① 王增云. 福州寺庙园林建筑与植物造景研究 [D]. 福州：福建农林大学，2010.
② 于硕，李霄鹤，庄晨薇，等. 福州古代寺观园林时空分布初探 [J]. 中国城市林业，2014，12（4）：64-67.
③ 刘枫. 福州市寺观园林研究 [D]. 福州：福建农林大学，2008.
④ 刘枫. 福州市寺观园林研究 [D]. 福州：福建农林大学，2008.

第二节　寺观园林特色

一、寺观园林布局特点

寺观园林依其园林和主体寺观建筑之间的关系，可以分为独立建置的附园，如北京的大觉寺、承德的普宁寺等；重于周围园林化的环境处理，如云南圆觉寺；还有兼顾园林和周围环境的，如北京潭柘寺、杭州黄龙洞等。[①]福州寺观园林布局顺应地形，注重与自然山水和城市景观的融合。参考相关学者的研究，根据其所在的位置以及园林面积不同，大致可分为山岳型、江湖型、院落型。[②]

山岳型寺观园林多建置在山水风景名胜处，寺庙中园林景致的布置不必和建筑一样拘泥，山林富有变化的地形为园林营造提供了良好的条件，正如《园冶》所述："有高有凹，有曲有深，有峻有悬，有平有坦，自成天然之趣，不烦人事之工。"或在原有寺庙内因地制宜布置；或在寺庙附近设置园林；或在构建寺庙的过程中，直接将天然山水景观纳入寺庙之中，加以人工成景，例如乌山、于山上的寺观园林就多与风景区的景致结合成景，扩大了游赏面积，景点的题名多与佛教相关，丰富了寺庙文化内涵（图5-2-1）。

图5-2-1　于山景区
定光寺
（图片来源：黄晴 摄）

① 周维权. 中国古典园林史（第二版）[M]. 北京：清华大学出版社，1999.
② 于硕，李霄鹤，庄晨薇，董建文，等. 福州古代寺庙园林时空分布初探 [J]. 中国城市林业，2014，12（4）：64-67.

江湖型寺观园林多位于城郊闽江、乌龙江等江畔之地或湖心岛之内。以金山寺、三宝寺最为典型。金山寺位于乌龙江畔的岛屿上，寺院内布局质朴，寺内园林部分仅一株古樟树、一株古榕树，一座坐落江边的旧亭，一座千年古塔，园景不多，但却能巧借乌龙江江畔斜阳成景（图5-2-2、图5-2-3）。开化寺位于西湖开化屿中央，明代原为谢氏私宅，嘉靖三年（1524年），福州知府汪文盛捐资于此地修建寺庙，清康熙年间寺庙又进行重修。开化寺建于西湖之内，寺内园景极少，但寺外有西湖美景，园林营造主要以开化寺为中心，于四周加以人工成景或借景。清乾隆《福州府志》记："新开化寺，建法堂，辟僧舍，创左右鼓钟楼，为祝圣之场。殿阁峥嵘，金碧辉映，湖山荡漾，山容倩丽，诚为三山名胜，一州巨观。"

院落型寺观园林多分布在城内街巷。古代素有"舍宅为寺"之风，城内官绅将原有住宅部分改

图5-2-2 福州金山寺
（图片来源:《杜德维的相册》）

图5-2-3 金山寺现状
（图片来源：王文奎 摄）

建为佛寺，宅园则作寺庙的附属园林，故而造园手法与私家园林如出一辙。[①]宋时光禄吟台曾为法祥院，程师孟常来此吟诗取乐，住持于寺旁建放生池，池畔堆山置石，辅以古亭、花木，形成优美的庭园景观。福州除了西禅寺外，由于城中用地有限，一般这类寺观面积较小，园林空间不大，只能通过缩摹山水享园林之乐。时光变迁，这类园林目前也罕有遗存。

同中国其他传统寺庙布局类似，福州寺庙建筑大多也是以单座建筑组成建筑群的形式存在，各建筑依次以中轴线展开排列。[②]由南及北依次为山门、天王殿、大雄宝殿、法堂、藏经阁等正殿，正殿两侧均匀分布配殿，诸如伽蓝殿、祖师堂、观音殿、药师殿等。[②]而僧房、香积厨、斋堂多划在中轴东侧，中轴西侧为接待四方宾友之所。依山而建的寺院，结合山形地势形成的落差，从视线上看屋顶层层叠叠，封火山墙高低错落，富有韵律感，行走其间，步移景异。有的建筑则巧妙利用坡地，形成退台的形式，如北峰崇福寺的地藏寺和观音阁[③]。而位于江湖和滨水地带的寺观，更由于场地所限，布局结构极为紧凑，往往因地制宜采取灵活的布局方式。

塔是福州寺观园林中的特色元素，亦形成了福州城市构图中最醒目的风景线。福州知州谢泌在《长乐集总序》诗曰：“潮田种稻重收谷，山路逢人半是僧。城里三山千簇寺，夜间七塔万枝灯。”福州早在闽国时期就有浓厚的佛教文化，塔是佛教的产物，其承载的不仅是建筑形式，更有地方文化蕴含其中。福州城内旧有七塔，分别为乌塔、白塔、育王塔、开元寺塔、崇庆塔、神光报恩塔和定慧塔。七塔多依三山及三山余脉而建，整体上呈南北中轴对称，体现了佛教建筑与山水环境的和谐关系。[④]随着佛教的汉化，福州塔的宗教意味逐渐减淡，逐渐产生登高览胜、补缺风水等世俗化功能。[⑤]王审知主政时期，福州便依靠地形和塔形成了“三山两塔”之格局，是古代福州城市山水“造景”思想的体现。而乌塔和白塔是古时福州最高的建筑之一，两塔相对，登塔顶可俯瞰福州城全景。

二、植物景观特色

寺因木而古，木因寺而神。寺观园林幽静深邃的禅境氛围很大程度上依赖植物营造，寺内植物的选择除了要契合地方生态气候，还要体现宗教庄严和神秘的特性。福州寺观园林植

① 于硕，李霄鹤，庄晨薇，董建文等. 福州古代寺庙园林时空分布初探 [J]. 中国城市林业，2014，12（4）：64-67.
② 刘枫. 福州市寺观园林研究 [D]. 福州：福建农林大学，2008.
③ 李小云，彭晋媛. 福州佛教建筑概况 [J]. 华中建筑，2009，27（10）：150-153.
④ 张雪葳. 福州山水风景体系研究 [D]. 北京：北京林业大学，2018.
⑤ 张雪葳. 福州山水风景体系研究 [D]. 北京：北京林业大学，2018.

物中，与宗教相关的"五树六花"等植物数量和种类均不多，点到为止，而更多体现地带性的植物。[①]有榕树、香樟、桂花、荔枝、龙眼、白玉兰等。特别是榕树在大部分寺院中都可见，其中不乏千年古榕，如位于鼓楼区肃威路道教裴仙宫后院的福州"第一古榕"，被誉为福州镇城之宝。

福州寺观园林中的古树名木大多保存相对完好。一般来说，古代寺庙多以木结构为建筑主要的结构方式，受风雨侵蚀建筑极少数保存完好，大多寺观园林都修复或重建过。[②]而寺院内的古树高耸参天，历经岁月却依旧枝繁叶茂、生机勃勃，可作为福州寺观园林悠久历史的见证。例如，西禅寺内有一株千年的宋荔，所产荔枝为佳品，旧时吸引无数文人墨客啖荔，为榕城一大盛事；涌泉寺有三株千年铁树，两雌一雄，别地铁树开花罕见，而这三株铁树年年开花，乃奇观；闽侯雪峰寺也有"先有枯木庵，后有雪峰寺"一说。

福州寺庙还有以特殊花木闻名的。闽侯雪峰寺以千叶宝莲和南方地区较为罕见的牡丹花出名，千叶宝莲乃清朝所植，原产于云南，有佛教圣花之称，也因其所在海拔较高，有着中亚热带的气候环境，使得牡丹在此地可以正常开花，每年清明前后，雪峰寺都会举办一次牡丹花会。林阳寺则以梅花出名，古刹及周围种植有500余株的红梅、白梅等各式品种。梅花开时，恰逢春节前后，引得众多百姓前来赏梅，竟成了福州的一个时令赏花活动。

第三节　实例

一、西禅寺

西禅寺位于福州西郊祭酒岭山脉怡山之麓，地势较为平坦。寺庙规模宏伟，素有"飞凤落洋、第一福地"之称，是福州五大禅寺之首。古寺在隋唐时期是道教真人修真练道之地，据载梁朝王霸于此炼丹修道。至唐咸通八年（867年），才建为佛寺，长沙沩山懒安禅师为开山之祖，至隋末废圮。寺初名为"清禅寺"，后更名"延寿寺"，五代时期王审知又改寺名为"长庆寺"，之后改为"西禅寺"。

西禅寺距今已有千余年历史，五代末古寺遭受战乱损坏，至北宋年间，宗元和元智法师对寺庙进行重修，元、明两代亦有重新修葺。清顺治七年（1650年）粤东空隐禅师来访，住持于西禅寺，并捐金进行修复。清光绪二年至十七年（1876～1891年），微妙禅师按照

① 王增云. 福州寺观园林建筑与植物造景研究［D］. 福州：福建农林大学，2010.
② 刘枫. 福州市寺庙园林研究［D］. 福州：福建农林大学，2008.

唐宋时期的布局重建古寺，现存西禅寺风貌多为微妙禅师所建。1928年，寺院内增建明远阁，于园地内开辟寄园和放生池。而后虽随战乱焚毁，但修复后基本保持了原有格局。

西禅寺布局分为两部分，西、北部为主体建筑群，建置天王殿、大雄宝殿、法堂、藏经阁等大小建筑共16座，东、南部为寄园、放生池（图5-3-1）。入寺山门共有三道口，大殿坐北朝南，而头门坐西朝东，大门坊柱上镌刻楹联"荔树四朝传宋代，钟声千古响唐音"，是清代周莲的联句。入门首见天王殿，单檐歇山顶，屋面装饰鸱尾飞翘，脊饰琉璃花格，中间镶嵌有"风调雨顺国泰民安"八字，脊中灰塑一大象，背驮有插三只戟的花瓶，寓意万象回春，极具福州地方建筑特色；天王殿后为大雄宝殿，是西禅寺的主体建筑，重檐歇山顶，面阔36米，进深34米，宝殿彩绘装饰精致，富丽堂皇，远望气派恢宏；法堂，重檐歇山顶，前有陈承裘所书对联："说法衍禅宗，曾七个蒲团坐破，升堂参佛果有双株荔子阴留。"法堂后为新建的华严三圣佛殿，与天王殿、大雄宝殿、法堂同处在中轴线上，其他建筑依轴线对称布置，布局严整庄肃。

东南部有西禅寺的园林之胜（图5-3-2）。明远阁所处之地旧为寄园遗址，寄园内假山

图5-3-1　西禅寺全景鸟瞰
（图片来源：王文奎 摄）

嶙峋，花木似锦，留有古荔枝树数百余株，此地荔枝"皮光而薄，味清而甘"。古时，西禅寺年年举办荔枝会，文人雅士常聚集于明远阁之上，品荔、啖荔，使得"怡山吃荔"成为一大韵事，寄园内有山石镌刻"宋荔"二字，旁有一株胸围7.5米、冠幅直径6米的荔枝，为目前国内已知最大胸径的荔枝（图5-3-3）。寄园前为放生池，池中央有一岛屿，上有山石堆砌而成的假山和孤植的一株榕树，远望别有韵味。放生池以两桥分割成多个水面，分别为九曲桥、玉带拱桥，轻盈精美，桥在水中之廓影给放生池平添几分意境。九曲桥类属平桥，折线的桥身增加了游人在池中游览时间，也提供不同视角的观景效果；玉带拱桥造型极富动态美，为三孔石桥，登桥至高处观景，楼阁、古荔、水天等清幽寺景都尽收眼底。

东北部为报恩塔，为20世纪末新建建筑，塔为现代钢筋混凝土结构，面贴有色彩艳丽的花岗石料，四向设佛龛，每层塔镌刻不同的佛像和佛教故事，塔高67米，共15层，是福建省寺庙中最高的石塔（图5-3-4）。

西禅寺巍峨壮观，是福州寺观园林中保存格局较为完好的一例。就其整体而言，寺庙布局中既有规整的建筑群，又有自然的园林景观，使得整个寺观园林庄严肃穆的同时，又不失山水之乐，成为文人雅士好聚之地。

图5-3-2　西禅寺寺观园林
（图片来源：黄晴 摄）

图5-3-3　西禅寺宋荔
（图片来源：黄晴 摄）

图5-3-4　西禅寺报恩塔
（图片来源：黄晴 摄）

二、涌泉寺

　　涌泉寺位于海拔455米的鼓山山腰，占地约1.7公顷，始建于唐建中四年（783年），前靠香炉峰，背枕白云峰，所处之地环境清幽、佳气葱郁。清康熙至光绪年间，福州礼佛之风浓厚，涌泉寺有"闽刹之甲"之称。清康熙皇帝御笔题匾，八闽首刹、国家重点汉传佛教寺庙，被台湾学者认为台湾四分之三佛教寺庙的法脉发源地。清末其规模恢宏，殿宇辉煌，媲美于杭州灵隐寺，被称为"闽刹之冠"（图5-3-5）。

　　寺庙初名"华严寺"，五代时期，闽王王审知填潭建寺，请神晏禅师来此住持，取名"国师馆"。宋咸平二年（999年），宋真宗赐额"鼓山白云峰涌泉禅院"。明永乐五年（1407年），明成祖赐名"涌泉寺"，沿用至今。明代涌泉寺曾两次毁于火灾，后修复，清代、近代也有修葺扩建，遂形成今日格局。

　　涌泉寺依山就势，布局巧妙，建筑依山势层层由低至高上抬，并且将山石、花木围合至寺院中成景，寺外松竹环抱、群峰环绕，清幽秀丽，藏而不露。涌泉寺现山门为明代曹学佺修葺，为亭式单檐四面坡建筑，中间开门，不设门扇，石柱上有联："净地何须扫，空门不用关。"头门西北方向为通向寺庙建筑群的甬道，两侧沿墙体有十八罗汉石塔，花岗岩制，塔基八角形，直径1米，上塑佛像形态各异，形制规整，使得整条甬道有通幽之感（图5-3-6）。甬道中部和尽头立有两座牌坊，第一座坊门正背面分别题"万福来朝"和"回头是岸"，第二座牌坊正背面分别题"海天砥柱"和"佛圣门庭"。过甬道见两座千佛陶塔，分别立于天王殿两侧，东座为"庄严劫千佛宝塔"，西座为"贤劫千佛宝塔"，双塔均采用陶土分层烧制堆砌而成，塔身成棕褐色，八角九层，高8.3米，东塔内有佛像1092尊，西塔1122尊，故名千佛陶塔，迄今已有千年历史，属国家级文物保护单位。

图5-3-5　一百多年前涌泉寺旧影
（图片来源：曾意丹. 福州古厝（第二版）[M]. 福州：福建人民出版社，2019.）

图5-3-6　涌泉寺山门及甬道
（图片来源：王文奎、黄晴 摄）

　　涌泉寺建筑群亦是以天王殿、大雄宝殿、法堂为中轴，其他建筑围绕中轴均匀布局。天王殿，两侧封火墙，面阔七间，中间五间为明间，出檐部分比大殿的屋面低一个层次，看上去呈两重檐，风格独特，国内寺院少见（图5-3-7）。殿后是开阔的大天井，天井上方题刻"石鼓名山"，中间开池架桥，桥名"石卷桥"，两侧分别为钟楼、鼓楼。大雄宝殿是涌泉寺中的主体建筑，坐落在高丈余的台基上，大殿保持着宋时"五脊、六兽、二起楼子"的建筑特色，为中国古代宫殿式建筑（图5-3-8）；法堂内有一尊千手观音，雕刻、姿态、礼节国内少有，弥足珍贵[1]。

　　寺院的园林之胜主要以东南角山麓的清泉、山石以及寺内的古树名木为主。放生池位于迴龙阁前，约400平方米的方形水域，元明两代皆有修缮，池虽小，但终年不竭，清澈见底，现放生池中放养着百条鲤鱼，凭栏观鱼，可知鱼乐。池中还立有一尊观音石像，庄严肃穆（图5-3-9）。寺内唯有的一处掇山，位于上客堂内，石山上下左右盘旋，内置石洞、石桥、石屋等。寺内植物颇富特色，三来堂前有三株千年铁树，造型似塔松，年年开花，国内罕见；迴龙阁边坡上有一棵古枫香，因三人合抱不拢，被称"三抱树"；兰花圃和放生池分别植有7株和2株古枫香，古树参天，苍劲挺拔。

　　涌泉寺是典型的山地园林，集寺庙、山林、园林于一体。山门东有一别径，拱门上题"灵源深处"，沿石阶而下，可至鼓山著名的风景点"喝水岩"，深涧陡崖中汇集了鼓山摩崖石刻的精华，这也是福州自然山林中风景营造的经典佳作（图5-3-10）。涌泉寺正是由于寺中规模有限，可存放的园林景致少之又少，但凭借山势起伏，能够形成良好的借景，寺庙周围葱郁的树木和建筑相互衬托，使得远望寺庙如遮蔽在山中一样，而在寺中却不见得山林

图5-3-7　鼓山涌泉寺天王殿
（图片来源：黄晴 摄）

图5-3-8　鼓山涌泉寺大雄宝殿
（图片来源：王文奎 摄）

① 刘枫. 福州市寺观园林研究［D］. 福州：福建农林大学，2008.

图5-3-9　鼓山涌泉寺廻龙阁前后的清泉和枫香等古木
（图片来源：王文奎 摄）

图5-3-10　灵源深处及喝水岩景点
（图片来源：王文奎 摄）

之感，所以有了"进山不见寺，进寺不见山"说法，使其成为一处兼具浓厚的宗教氛围和自然山林风景的寺观园林。

三、文庙及文庙前广场

福州文庙又称"先师庙"，俗称"圣人殿"，是国家级文物保护单位。位于福州市鼓楼区，福州城市历史文化中轴线八一七路的东侧，北侧紧邻朱紫坊历史文化街区，在于山历史文化风貌区和乌山历史文化风貌区之间，占地7552平方米，建筑面积约4000平方米。文庙始建于唐大历八年（773年），至清乾隆时福州呈现典型的"左庙右学"格局，即文庙与府学并列设置（图5-3-11）。

作为礼制性的孔庙，福州文庙也遵循着孔庙布局的基本规律。总体布局中轴分明，左右对称，都有照壁（万仞宫墙）、棂星门、泮池、大成门、大成殿、东西庑、尊经阁、明伦堂、崇圣祠、乡贤祠、名宦祠等，棂星门外东西两侧有汉江秋月和金声玉振的牌坊。建筑外景观环境也同样强调左右对称，有非常强烈的仪式感。现存建筑为清咸丰年间修建，仅为乾隆年间文庙的二分之一，府学不存，而且原牌坊以及万仞宫墙坊于1951年建设圣庙路而拆除，移"江汉秋阳、金声玉振"两匾于棂星门外东西两翼墙上。1973年还将学宫的泮池移植于文庙中，至今仍有争议。

2017年，为重新整修文庙周围环境，福州市启动文庙保护规划的落地实施，拆迁文

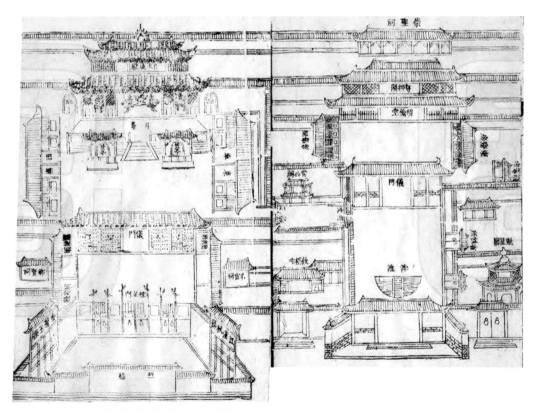

图5-3-11　文庙简图（清乾隆二十一年，1756年）
（图片来源：乾隆福州府志）

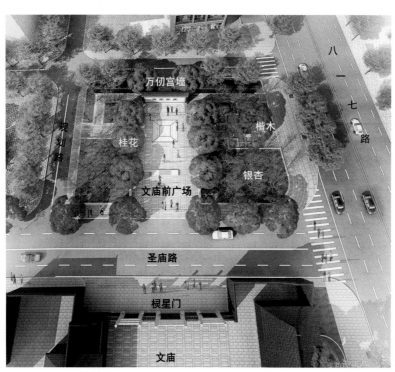

图5-3-12 文庙前广场设计
效果图
（图片来源：杨葳 绘）

庙南的省广电综合大楼，规划为文庙前广场（图5-3-12）。广场总面积4亩，与棂星门隔圣庙路相对，为保护规划中划定的建设控制地带，其所处位置为文庙演礼场所前的过渡空间。

方案遵循文庙前导空间的基本规制，拟复建东西牌坊（汉江秋阳、金声玉振），恢复圣庙路石板铺砌，向南复建万仞宫墙（万仞宫墙如可挖掘考证，则采用原址保留展示方式），并结合两侧阵列大桂花寓意"蟾宫折桂"以及布置银杏片林，形成文庙前的文化广场空间。既尊重和彰显了文庙的精神内核，遵循文物保护的相关规定，又符合现代城市开放绿地的要求。

由于客观原因，没有能够恢复仁门义路（圣庙路）的东西牌坊，场地发掘也没有能够发现万仞宫墙遗存的文物。但作为开放广场，按照建设控制地带的管控要求，在兼顾作为城市开放广场的基本功能下，适度找回了文庙规制中的过渡空间格局。广场采用中轴对称，以万仞宫墙作为主轴线的南端（图5-3-13），与文庙棂星门一同界定了文庙的过渡空间，同时东西轴线对景乌塔和白塔，强化了文庙和两山两塔之间的空间关系（图5-3-14）。广场采用的两列丹桂、银杏树阵，以及楷木（即黄连木），皆与孔子儒家教育的思想和故事有关。文庙广场既可以作为市民休闲所用，也成为特定时间点可以作为公共宣教礼仪之地。

图5-3-13　成为轴线南端的万仞宫墙
（图片来源：王文奎 摄）

图5-3-14　文庙广场与乌塔的对景
（图片来源：王文奎 摄）

第六章

其他园林

第一节 书院园林

一、概述

福州被誉为邹鲁之地，文人辈出，也是我国古代书院的重地。福州的书院源于唐，盛于宋，至明清时达到顶峰。唐开元年间就有"丽正书院""集贤书院"出现。五代闽王王审知设"四门学"，为闽中最高学府。宋初福州有"海滨四先生"（陈襄、郑穆、陈烈、周希孟）执经讲学。蔡襄、张伯玉、程师孟、曾巩等文人儒士先后在福州主政，进一步推动文化教育的发展。南宋以后，以朱熹为代表的闽学繁荣，对福州书院产生极大影响。朱熹女婿及门人黄榦在其城东故居创建竹林精舍，后又在乌山、北峰郊区建起云谷书楼、高峰书院、鳌峰精舍、勉斋书院等。明代福州书院有了长足发展，书院多选址于郊野，如竹屿村有翁正春、叶向高讲学的犹画书院，洲尾村有明代林氏三才子林岊、林峦、林赪读书的观澜书院等。清代福州有四大书院，即鳌峰书院、凤池书院、正谊书院、致用书院。前三所均为朝廷所设的省会书院，以鳌峰书院规模最大、历时最久，位列四大书院之首。而致用书院创办最晚，办学最具特色，专门研习经史学。近代随着基督教大规模传入福州，出现格致书院、陶淑女子学校等教会书院，在教育革新上起到一定的积极作用[①]。

福州早期的书院多选址于风景优美、清雅静谧的风景之地，常形成依山傍水的书院环境，是修身养性、免于世俗纷扰之地，为名家讲学和士子求学提供了良好的条件。如福州郊区林浦村的濂江书院就曾为朱熹讲学之地。明清福建成为科举大省，福州又是省城所在地，也是全省以及包括台湾在内的文化教育中心和科举考试地，书院的科举化、官学化愈加明显，因此建于市井的书院开始逐渐增多，由郊外山林转向城市，[②]并且多择址城中风景较好的地段，在闹市中另辟幽静之地，尤以四大书院为代表。其中鳌峰书院是福建书院城市化进程的典型，康熙为新建的鳌峰书院书匾"三山养秀"，具有特殊的政治地位，其择址于福州繁华坊巷之中，代表了书院由山林转向城市的趋势。

作为讲学求学之地，书院内部建筑是最为重要的元素。根据功能用途，书院建筑大致可分为五部分：①讲学建筑，是书院中体量最大、最主要的建筑，包括大成殿、讲堂、学斋、明伦堂等；②藏书建筑，最早的书院就是以藏书为主要目的，后演化成书院的一部分；③祭祀纪念建筑，儒家传统思想中，祭祀先贤是不可或缺的一部分，福州书院中最常祭祀的对象为孔子和朱熹；④园林建筑，为师生提供游憩冥想之地，包括廊、亭、书屋等；⑤其他建

① 金银珍. 书院·福建［M］. 上海：同济大学出版社，2010.
② 王强. 明清福州地区古书院园林研究［D］. 福州：福建农林大学，2018.

筑，如日常生活所必需的厨房、学舍等。书院中的讲学建筑、藏书建筑、祭祀纪念建筑一般讲究"礼制"，沿中轴线布置，而园林建筑以及园林景观等部分多位于两侧。由于福州山地较多，部分书院的布局无法按照传统的形制建置，多因地制宜来调整布局。例如福州西湖书院没有明显的中轴线，采用较为自然的布局，并将西湖之水引入书院之中，营造园林环境（图6-1-1）。①另外，福州山水形胜，很多书院都善于借外景，通过地势高差和建筑的抬高，达到拓宽视野的目的。如林浦的濂江书院、于山北的鳌峰书院等皆如此。

书院中的园林植物配置遵循了传统园林的手法，但其更强调将植物与精神品格进行联系，具有独特的文化内涵。从植物的选择来看，福州书院多有竹、桂、梅、兰、菊等。竹具有君子气节，十分常见，甚至许多的书院名称都是与竹有关，如竹屿村的竹林书院、黄幹讲学的竹林精舍等。桂花不仅四季常绿，金秋桂香沁心，还寓意着"蟾宫折桂"，乃是士子门寒窗苦读的人生目标，所以一般书院均有当庭植桂，或于庭院中孤植、丛植。而梅花临霜

西 湖 书 院 图

图6-1-1　西湖书院布局图
（图片来源：何振岱《西湖志》）

① 王强. 明清福州地区古书院园林研究［D］. 福建农林大学，2018.

傲雪，自古咏梅之风盛行，西湖书院就有"十三梅花书屋"，屋前植有梅花十三株。除此之外，荷花、兰花、菊花等，也都是福州书院园林普遍种植的花木，无一不是具有鲜明人格化的传统花木。另外，一些地带性的植物，也常常出现在福州的书院中，如榕树、荔枝等，果树成荫，具有南国地域特色。

二、实例

1. 鳌峰书院

鳌峰书院位于福州于山北麓，鳌峰坊中段北侧（今福州教育学院附属第二小学）。因书院大门朝南，正对于山鳌顶峰，故名。鳌峰书院居清代四大书院之首，是福建省最高学府。院内建筑格局历史悠久，历经约百年的扩建、改建，积淀了丰厚的建筑文化。书院建筑富于"园林之胜"，为明清福州园林极具代表性的建筑群。[①]随着科举制度的废止，光绪三十一年（1905年）书院也改为"校士馆"，后在辛亥光复福州的一场战火中被毁，民国后美以美教会购得此地，在此重建为协和幼稚师范学校。[②]现尚有鳌峰书院的一座残余假山保留在二附小校园中。

虽然现在实景中已无从寻找到鳌峰书院曾经的繁盛，今所见鳌峰书院也非原物，而是在2018年整体打造鳌峰坊特色历史文化街区中复建的（图6-1-2）。但是从文献记载、鳌峰

图6-1-2　鳌峰书院旧址（右）与现状复建于鳌峰路对面的书院大门
（图片来源：王文奎 摄）

① 卢美松. 福州名园史影［M］. 福州：福建美术出版社，2007.
② 林家溱. 福州坊巷志［M］. 福州：福建美术出版社，2013.

书院图和复原的模型中（图6-1-3～图6-1-5），仍不难窥见鳌峰书院园林的胜景。

　　从平面图看，鳌峰书院最盛时，有六列纵向多进深的建筑组群，各列院落相互独立又有路径相通，与福州三坊七巷朱紫坊内的院落组群有类似之处，只是规模更大，数量更多。书院的主体建筑位于西侧第二列，从书院大门依次排列分别是大门、正堂、正谊堂、藏书楼，呈典型的书院中轴线布置，正堂屋上方悬挂康熙皇帝御赐的"三山养秀"横匾。最西侧一列

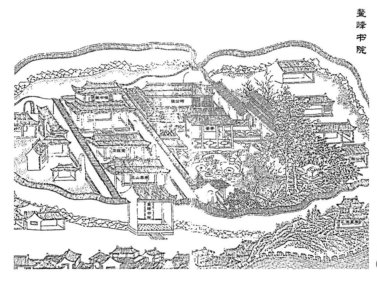

图6-1-3　鳌峰书院图
（图片来源：《于山志》增订本[①]）

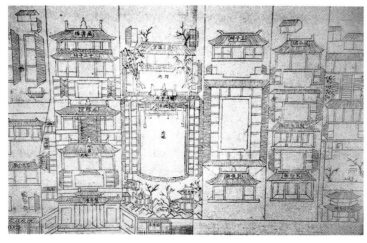

图6-1-4　鳌峰书院平面布局图
（图片来源：《福州名园史影》[②]）

① 谢其铨，郭斌. 于山志 [M]. 福州：福建人民出版社，2018.
② 卢美松. 福州名园史影 [M]. 福州：福建美术出版社，2007.

图6-1-5　鳌峰书院模型全景及局部
（图片来源：王文奎 摄于 林则徐纪念馆）

院落为官员办公和部分学舍，而东边的四列院落组群分别是鉴亭组群、敦复斋组群、笃行斋组群、崇德斋组群。其中鉴亭组群最具有园林意境，其余组群主要是学舍、供奉、祭祀等功能性建筑。

　　鉴亭组群是鳌峰书院园林最为集中的部分。以池面为核心，东西有8丈余宽，有亭立于水面，取"方挂泫淳，天光云影，如一鉴然"之意，故名"鉴亭"。阁悬乾隆皇帝亲题"澜清学海"横额，阁中亭台宽敞华丽，可观鱼戏。后又建奎光阁于鉴亭前，两边池岸与走廊连通，东廊两侧百年古树相对，西廊北段柳拂成荫。鉴亭以北，面南临池而立者是"崇正讲堂"，乃书院集中讲学之所。讲堂以北为"荔竹轩"，两侧各植有一株荔枝，其北墙植有一排翠竹，故名。池南岸有一座假山，池、山之间以墙堵相隔，假山高如墙堵，与鉴亭相对，将园外景色一览无余。山左垒石为洞，洞旁有楼、亭；山右有石桌、凳，镌刻棋盘，亭西为小楼。洞旁还有井，井东有东望阁，祀文曲星。古时登鉴亭可望于山九仙观、鳌顶峰及金粟、玉蝉等景观。[①]鉴亭组群的园林布局和造园手法与福州坊巷间的传统私家园林有很多类似之处，只是尺度的大小有所不同，假山和荷池形成咫尺园林中的丰富游赏路径，还可借荷亭和假山登高远借于山和鳌峰顶之景，得鳌峰书院名字之意境。

　　鳌峰书院之所以能有如此园林之胜，本就是在明清甚至更为久远的建筑群和园林的基础上扩建、改建而成的，延续了原有园林之胜。清林枫《榕城考古略》云："明代为邵捷春故宅，中有池馆。康熙四十七年，巡抚张伯行建为书院。"所以鳌峰书院在建成之前就已有了一些亭台楼阁、假山池沼，集历代建筑和园林精华于一园，遂成当时福州的"园林之胜"。

　　2. 濂江书院

　　濂江书院位于福州市仓山区林浦历史文化名村，始建于唐代建中四年（783年），原为鼓山涌泉寺廨院，后改为书院，宋代更名濂江书院，与曾作为南宋末代皇帝赵昺落难过程中

---

① 卢美松. 名园史影 [M]. 福州：福建美术出版社，2007.

图6-1-6　闽江和林浦河边的濂江书院
（图片来源：王文奎 摄）

登基和短暂停留地的泰山宫紧邻，是至今福州唯一保存完好、办学从未间断的古书院（图6-1-6）。

书院规模不大，但是建筑布局严整，中轴对称，错落有序，与周围自然山水高度融合（图6-1-7、图6-1-8）。书院主楼为二层建筑文昌阁，东西两侧为厢房。这里曾是宋代朱熹和其弟子黄幹讲学之处。受场地限制，书院内的园林景致不多，但是与紧凑的建筑空间组合恰到好处。

类似于文庙的格局，濂江书院正门外也有一个前导过渡空间。正门外东西两侧各有一坊门，书有成语"飞阁、流丹"，形成了一个围合的前院空间，并以"濂江书院"四字照壁为整个建筑群的轴线端点（图6-1-9、图6-1-10）。整个空间类似文庙棂星门前由"江汉秋阳、金声玉振"两侧牌坊以及"万仞宫墙"围合的前导空间，给书院创造了一处非常具有仪式感的前导过渡空间，从喧嚣的周围环境，开始进入具有仪式感和求知问道、修身治学的书院空间。

书院正门为六角形大门，从正门进，正好结合地形高差，形成一处高台，有向上登高之势，布置一长方形石栏，前面碑刻"文光射斗"，后刻"濂水龙腾"，石栏后有一石臼，镌刻"知鱼乐"。一入门便有一种积极向上、求知治学、寓意深刻的书院氛围（图6-1-11）。

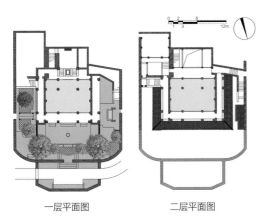

一层平面图　　二层平面图

图6-1-7　濂江书院平面图
（图片来源：游嘉铭 改绘自《福建省历史文化名村福州市仓山区城门镇林浦村保护规划》）

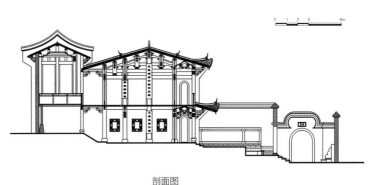

剖面图

图6-1-8　濂江书院剖面图
（图片来源：《福建省历史文化名村福州市仓山区城门镇林浦村保护规划》）

图6-1-9 濂江书院前导空间两侧的坊门
（图片来源：王文奎 摄）

图6-1-10 濂江书院入口照壁
（图片来源：王文奎 摄）

院落对称式种植两株桂花，寓意"蟾宫折桂"，其他还有茶花、月季等，环境静谧。书院左侧有一口小鱼池，以石桥划分成两个区域，周植有桂花，空间虽小但也可学后小憩。书院右侧是石岩与石碑相结合，自成一景。

濂江书院规模虽小但布局紧凑有致，建筑、地形、水池、植物、山石之间组合有序，且善于借景。尤其是文昌阁二层视野极其开阔，不仅四周闽江江景尽收眼底，还可远眺鼓山主峰（绝顶峰），就是一幅典型的山水画卷，是福州书院园林的典型代表之一（图6-1-12）。

图6-1-11　濂江书院入口处的台地
（图片来源：王文奎 摄）

图6-1-12　文昌阁可远眺鼓山和闽江
（图片来源：王文奎 摄）

第二节　会馆和驿馆园林

一、概述

　　福州自古以来商贸繁盛，历史上六次拓城，先自北向南，再呈东西向发展。福州东冶港兴于东汉、三国时期，开辟与中南半岛的航线，有"旧交趾（今越南）七郡贡献转运，皆从东冶，泛海而至"，并与日本、夷洲（台湾）、澶洲（菲律宾）交通。[①]福州甘棠港兴于唐五代，王审知主闽时"尽去繁苛，纵其交易"，福州港"至是利涉益远，且招徕番舶"，海外交通北至朝鲜半岛，南至越南南部和印度尼西亚。[②]明洪武二十五年（1392年）朝廷令居于河口一带善操舟者梁、蔡、郑等36姓闽人，驾驶贡舟，往来于琉球国之间。明成化八年（1472年）官府在河口（今琯后街）设进贡厂柔远驿，接待琉球国进贡船舶及其使者、商人，收受并转运贡品。弘治十一年（1498年）督舶邓太监为便利琉球贡船的往来，主持在河口尾开凿人工河道"直渎新港"，连接大江（闽江），新港、水部一带"华夷杂处，商贾云集"。清末柔远驿废后，仍有十家琉球商，继续在河口一带开展中琉贸易活动，成为中琉继续发展中的商业贸易形式，形成有名的"十家排"。

　　明清时期福州商港的位置随着岸线变迁而不断南移，福州城区拓展至南台，形成主城

① 廖大珂. 福建海外交通史［M］. 福州：福建人民出版社，2002.
② 福州港史志编辑委员会. 福州港志［M］. 北京：华艺出版社，1993.

和南台的双城模式，城区人口"不下数十万家"，商业十分繁荣。南台因面江临海的港区优势，与闽西北贸易合作密切，各地会馆最多，其中上下杭最盛，商人多择居于此，各县行商在此经营，以闽北茶叶、木材最为人知。上下杭因此商帮集中，会馆林立。

明清时期福州商贸交流频繁，形成"北城南市"的格局。城北的鼓楼为城市政治、文化中心，行政会馆和科举会馆多分布于此，如八旗会馆、两广会馆、湖南会馆、建宁会馆等。[1]城南为城市新兴商贸区，会馆建筑集中出现在水路交通便利的商业地带，特别是作为纸业、木业、南北货集散中心的上下杭地区。上下杭建有兴安、南郡、浦城、延郡（平）、建宁、周宁、寿宁、泰宁、尤溪、福鼎、建郡、绥安、邵武、江西南城等14个会馆。[2]会馆具有地缘性的特征，例如下杭路的南郡会馆周边为闽南人聚居地，兴安会馆周边为兴化帮聚集区。其中比较著名的古田会馆以地域命名，为古田商帮筹资所建，具备住宿、储运、交际功能。此外，福州设有官僚会馆两所，一为接待琉球贡使的"柔远驿"，一为接待八旗旅闽京官要员的"八旗会馆"。[3]

这些会馆大多位于市井坊巷之中，常采用多进院落的形式，带有仓库、客栈的作用，以及社交、娱乐的功能。部分会馆或设有专门的园林，或进行园林化的处理。

二、实例

1. 福州商务总会

福州商务总会位于台江区双杭街道上杭路，又名"福州工商联"。商会始建于清末。《福州市志》载"清光绪三十一年（1905年），福州旅沪富商张秋舫（廷赞）、罗筱坡（金城）、李郁斋从上海回到福州，联合福州商帮人士，成立福州商务总会。"宣统三年（1911年），商会购置上杭街48号宅邸（今100号）作为商会会馆，占地约1070平方米。1949年再买下西侧院落，形成今之格局，总面积约3284平方米。2021年随上下杭的整体保护复兴，商务总会重新修缮开放。

商务总会前临上杭街，背靠彩旗山，坐北朝南，是依山势而建的会馆园林，在福州较为罕见（图6-2-1）。商会主要分成三部分，南部为入口区；北部中西侧为宾客会谈休憩之所；北部东侧是以魁星楼和东侧院落为主的园林。

东园是商会最大的附属园林。过魁星楼东侧月洞门即可至会馆东园，庭院空间明亮，

① 王隽彦. 福州明清会馆类型特征及其社会功能研究［J］. 福建工程学院学报，2019，17（5）：448-452.
② 卢美松. 福州双杭志［M］. 北京：方志出版社，2006.
③ 关瑞明，吴智顺. 福州会馆的类型及其建筑特色研究［J］. 华中建筑，2022，40（6）：142-147.

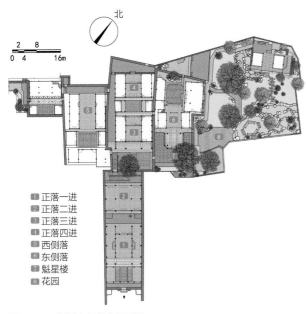

北

2 8
0 4   16m

1. 正落一进
2. 正落二进
3. 正落三进
4. 正落四进
5. 西侧落
6. 东侧落
7. 魁星楼
8. 花园

图6-2-1 福州商务总会平面图
（图片来源：王帅 绘）

有豁然之感。入东园即见右侧有一开阔平台，贴墙有花池，中设石桌椅。东庭园南侧有六角木亭，与园北民国楼互为对景。园中草木繁盛，园西有二株古榕、一株古樟，绿荫遮覆，而园东不设高大乔木，使得光线透入，园林整体显得明亮通透。园北为民国楼，为双层建筑，楼前开辟鱼池，楼后为小径，登二楼可俯瞰全国，园中景物交相辉映，有山清水秀之感（图6-2-2、图6-2-3）。因福州商务总会位于彩气山之中，就不像一般坊巷之中的园林，需要借助假山叠石或楼阁登高望远，伫立园中即可借景园外。相传旧时会馆中有可远眺闽江千帆竞渡、五虎山高盖山错落起伏的绝色美景。

魁星楼属福州商务总会众多建筑中最为出名，一楼原有一尊魁星踢斗神像，二楼则是商会子弟读书处，其南北小庭园虽不大，但却富有特色。北庭园倚墙有一处小型假山遗址，假山小巧玲珑，空间丰富，颇具坊巷私家园林的叠山特色。攀至山顶有多种方式，或沿雪洞内石磴，或沿右侧石阶，或从八角亭二楼始出，或从一楼花瓶墙门穿入，雪洞上镌刻有"洞天"二字，山顶平台上亦镌刻有各式精美图案（图6-2-4）。八角楼墙上书有杜甫《曲江对雨》对联，上联"林花著雨胭

图6-2-2 福州商务总会东园俯瞰
（图片来源：黄晴 摄）

图6-2-3 东园的假山叠石
（图片来源：王文奎 摄）

图6-2-4　魁星楼北庭园的假山遗址
（图片来源：黄晴 摄）

脂湿"，下联"水荇牵风翠带长"，盖因此处旧园景致优美，故以此题名。南庭园是一处古榕、花池与山石形成的景观，树左矗立一道山石洞门，横额镌刻"碧波"。花池呈规则的西式形式，池壁刻有梅、竹等中式元素，是园中最别致的园景之一。

福州商务总会是清末至近代福州商业发展的重要见证之一，也是福州会馆园林的重要范例之一。其将福州地方园林特色与西式元素融合在一起，园林中既可见中西合璧的建筑美、规则美，又可见福州山地园林和坊巷园林融合的造园特色。

2. 永德会馆

与福州商务总会相比，永德会馆内部空间较紧凑，注重商会的实用功能，没有明显的附属园林空间，但是很好地借助临水的条件，形成了商会门外的风景，这也是大多数福州传统会馆的布局特点。

永德会馆位于台江区田垱社区硋埕里20号，三捷河南岸（图6-2-5）。会馆始建于清雍正年间，光绪年间重修，民国二十年（1931年）重建。"永德"是永春、德化两县的简称，两县毗邻，所产陶瓷、木材等是省内对外贸易的大宗商品。清代前中期，大量永德人在福建省内经商，足迹所至，渐成集镇，遂有"无永不开市"之誉。福州永德会馆见证了永德商会的辉煌，是闽商开拓精神的重要见证。

伴随着打造上下杭历史文化街区的契机，会馆于2020年重新修缮对外开放，占地面积1224平方米，坐南朝北，布局紧凑。以建筑为主，园林用地较少。永德会馆是一座中西文化相融合的近现代传统建筑，一、二层高度4.5米，西式元素较多；第三层歇山顶，层高5.5米，仿中式古建筑厅堂，形成了中式建筑与西洋建筑叠加的独特风格，是为登高借景领略山水名城的佳处，早期可南眺闽江和烟台山、高盖山及五虎山，北看三捷河和上下杭龙岭顶，以补永德会馆内无园林之憾（图6-2-6）。会馆内设有戏台，在此演闽剧、高甲戏以及提线木偶，借此联络同乡感情。

由于永德会馆地处星安桥与三通桥之间，门前即有三捷河，古榕参天、古桥横卧，充满水乡之趣。周边水巷公共空间遂成为商人游憩之处。

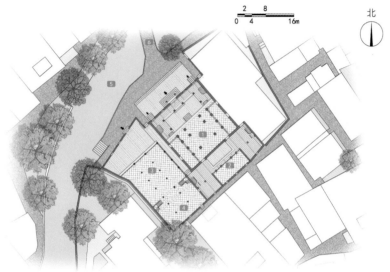

❶主座　❷主座二进　❸侧落一进　❹侧落二进　❺三捷河　❻石拱桥

图6-2-5　永德会馆平面图
（图片来源：王帅 绘）

图6-2-6　永德会馆
（图片来源：黄晴 摄）

3. 柔远驿

柔远驿位于台江区琯后街40号，明代称"进贡厂柔远驿"，民间俗称"琉球馆"。自明代市舶司移置福州后，柔远驿成为了琉球国朝贡的专港，其不仅是中琉贸易通商的枢纽，更见证了榕城作为国际港口的兴衰，在中琉友好交往中发挥了重大作用，促进了文化交流发展。清代林枫《榕城考古略》载："柔远驿名曰怀远，以为琉球诸藩国馆寓之所。内有控海楼，明正德间建，俗名琉球馆。"柔远驿原名"怀远驿"，因广州也有一处同名，故更名为"柔远"，出自《尚书·舜典》中的"柔远能迩"，寓意"优待远人，以示朝廷怀柔之至意"。

柔远驿始建于明成化八年（1472年），与进贡厂同属于市舶提举司的附属机构，驿馆本身为贡使及随从的食宿之地。从图6-2-7中可见，有尚公桥、怀远坊、控海楼等，连成一个片区，而且水系发达，林木繁盛，有较好的周围风景。清康熙六年（1667年）重建，用于接待琉球国赴华朝贡的商人及贡客。清光绪五年（1879年）中琉断交，柔远驿作为贡使馆驿的功能消失，其建筑面积渐被蚕食，日益萎缩，但仍有天妃宫、大堂、左右十间、土墙、视馆公署、土通事公馆、小四间、仪门（立有两块石碑）、头门、土地祠、崇报祠等设

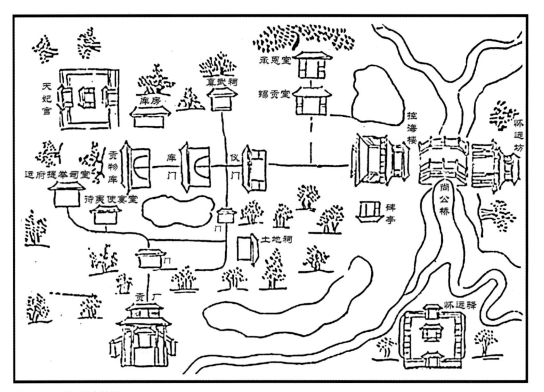

图6-2-7 柔远驿古地图
（图片来源：王文奎 翻拍于 福州琉球馆）

施。[①]1992年时任中共福州市委书记习近平主持修复柔远驿，将其辟为福州市对外友好交流史馆。

现馆址在原址的西端，穿斗式双层楼房，占地面积600平方米，其建筑仅为原柔远驿建筑的一小部分（图6-2-8、图6-2-9）。前后天井用假山鱼池石桥盆景造景（图6-2-10），

图6-2-8　柔远驿正立面
（图片来源：王文奎 摄）

图6-2-9　柔远驿前广场
（图片来源：王文奎 摄）

---

① 李莉. 明清福州琉球馆考 [J]. 福建师范大学学报（哲学社会科学版），2002（4）：29-34.

并无其他附属园林。1996年被公布为省级文物保护单位。近年来柔远驿又经重新修缮，完善了驿馆周围环境（图6-2-11），形成融合琉球文化元素的公共开放绿地，也成为驿馆的前导过渡空间。

图6-2-10　天井院落中的花台盆景
（图片来源：王文奎 摄）

图6-2-11　柔远驿前公园绿地
（图片来源：王文奎 摄）

第七章

西风东渐及近现代园林

第一节　近代开埠和西风东渐

近代开埠以后，福州被列为中国最早开放的"五口通商"城市之一。因福州靠近当时主要出口商品武夷茶的产区，福州对外贸易迅速繁荣。1864年，福州外贸总值占全国的13%左右，居全国第二位，仅次于上海，略多于广州，比厦门、宁波、天津、汉口等十余口总和还多。1866～1886年，福州茶叶输出不仅年年上升，还始终居全国茶叶输出的首位。

随着商贸活动及与世界的交流，带来了文化思变和觉醒，一大批有复兴民族大业的中兴志士先后涌现，民族资产阶级与官僚资本的结合，也给福州地区带来前所未有的变革和生机。强烈的中西文化碰撞，逐步影响了福州近代园林的发展，福州古典园林在造园风格与营建手法上开始出现革新和不同程度的转型。

在这样的冲击与推动下，出现了具有时代特色的近代建筑及其分布区域。该时期福州各大组团分区明确，鼓楼作为历代福州城区所在地，依然是城市的政治中心，以传统的坊巷空间为主。台江作为主要的商业区，上下杭区域的商贸活动达到鼎盛①，中西合璧的商贸、会馆建筑汇集于此。马尾则以船政建筑体现洋务派兴建的军事工业。同时因外国人在榕城的贸易和居留，以及开展的大量官方领事工作，形成了一些以传统西式建筑为主的积聚区域，如老仓山历史城区和鼓岭避暑度假区等。

老仓山历史城区，其中洋行多位于南台岛仓前山东北方向的泛船浦，由于近代闽海关的兴建，外来船舶停靠于此，大型洋行选址于此集中建设，因此形成繁华的洋行区。②外国人居留区则位于南台岛中部的烟台山一带，自1844至1911年先后有17国在此设领事馆，遂发展成为外国人集中的居留地。随着经济、文化、公用事业迅速发展，一批与传统风格迥异的教堂、学校、医院、住宅等西式建筑以及园林开始出现。

禅臣花园最初由德商禅臣洋行（Siemssen & Co.）创建，是福建最早、仓前洋人唯一创建的西式花园，属经营性私家花园，随后由禅臣洋行赠予德国领事馆，建起领事馆会馆、领事官邸，成为社会各界聚会之场地（图7-1-1）。③如1902年在花园中举办茶会，参观者为各国领事、清廷官员等。园中引种了世界各地的奇花

图7-1-1　禅臣花园老照片
（图片来源：福州老建筑百科）

① 福州掌故编写组. 福州掌故［M］. 福州：福建人民出版社，1998.
② 谢承平，关瑞明. 19世纪福州基督教教堂建筑研究［J］. 福建建筑，2014，（12）：24-27.
③ 福州市政协文化文史和学习委员会. 福州西湖史话［M］. 福州：海峡文艺出版社，2019.

名木，建有西式园林小品，如喷泉水池、玻璃花房等，是历史上福州西式园林的早期之作。除此之外，各类教堂、领事馆、住宅、学校本身也建有一些西式的附属园林。

"鼓岭"的名称最早出现在清光绪三十三年（1907年）P.W.彼彻（Pitcher）牧师所著《鼓岭及其四周概况》一书中。鼓岭位于福州东郊，鼓山之北，海拔800余米，年平均气温低于市区4摄氏度左右。炎夏最高气温不超过30摄氏度，是避暑的好地方。自1886年牧师任尼在鼓岭宜夏村建造第一栋避暑别墅以来，驻设外国领事馆及马尾船政的洋人纷纷效仿，成为当时外国人在福州的避暑度假区。为了方便避暑游客，当时的政府还专门设立鼓岭夏季邮局及警察所，开办了教会附属学校，开辟了网球场、游泳池、商店等设施，基本上形成了一个功能完善的避暑度假区。到1935年，先后建别墅316幢，另有万国公益社（娱乐场所）、游泳池等公共设施。

同时随着清政府内部民族自强的洋务运动的蓬勃兴起，推动了福州马尾船政，开眼看世界，促进了东西方科学技术和文化的交流融合，也间接推动了福州近代园林的发展变化。一些具有时代特征的园林，如中西合璧的私家园林、城市公园和校园景观陆续出现，也在国内较早开启了从国外引种园林植物的先河。

第二节　近现代园林

福州近现代园林的发展，从小到私家园林中吸收了外来装饰构件，大到城市公园和具有近代规划思想的大学校园，体现了中西园林文化初步交融的探索历程。这些园林在选址布局、景观营构方面，继承了中国古典园林的审美意识，又适当借鉴了西方的材料技术和形式美学，成为这个时代的烙印和特征。

一、城市公园

在政府的主导下，福州近代出现了公共性园林，是福州近代大众公园的发端。民国三年（1914年），福建省巡按使许世英将西湖开化寺前的3.62公顷陆地辟为公园，称"西湖公园"，并增设景点，疏浚西湖，题"击楫"二字竖刻石碑于飞虹桥东侧。当时由湖头街出入，可供游览的陆地有荷亭、谢坪屿与开化屿3处。民国十九年（1930年），在西湖开化屿南岸筑成一条长139米、宽8米、中段为桥的堤，两侧植柳树，称柳堤。同时建西湖南大门，连接了通湖路。[①]

---

① 福州市政协文化文史和学习委员会. 福州西湖史话［M］. 福州：海峡文艺出版社，2019.

民国四年（1915年），许世英将清初靖南王耿继茂的别墅花园辟为公园，因其位于当时福州城的南部，故称为"城南公园"，简称"南公园"。花园占地4.2公顷。后为纪念辛亥革命闽籍死难烈士，经国民政府主席林森先生提议，在公园中建造忠烈祠。园内尚有桑柘馆、荔枝亭，藤花轩、藕池、望海楼诸胜。1919年"五四运动"时期，民众抑制日货，就在公园内建国货陈列馆，立"请用国货"石碑于馆侧。抗战时期，公园遭日军严重破坏。[①]

光绪元年（1875年），清吏在仓前山南麓强征民田350多亩，兴建跑马场，专供外国人使用。民国三十一年（1942年）元旦，福州各界人士联合收回跑马场主权，成立"国际联欢社"。翌年，国民政府主席林森去世。因林森是福州闽侯人，为表示纪念，跑马场更名"林森公园"，陶园街道一带遂以"公园路"定名。

1934年，福建省立科学馆在福州解藩路（俗称布司埕，今鼓屏路西侧省粮食厅所在地）创办，随后科学馆的生物学部附设1座动物园，该园是福州市最早的动物园。园内面积不大，动物景点共20多处，依次为：孔雀亭、鹦鹉亭、鹤亭、猴屋、虎豹槛、象舍、水禽网、火鸡场、鸽场、异国鸡场、小鸟屋、蛇园、鹿园、猿猴运动场、猛禽亭、大鸟笼、小兽屋、大禽王、小禽室、爬虫馆、松鼠笼、鸵鸟舍等。[②]

二、校园景观

1847年，美国基督教公理会国外布道会（American Board of Commissioners for Foreign Missions，ABCFM）传教士杨顺（Stephen Johnson）来到福州，拉开了基督教在福州传播的序幕。此后，卫理公会（The Methodist Church）和英国圣公会（Church of England）也陆续派遣传教士来闽。这些基督教派在传播圣经的同时，也将西方宗教建筑——教堂植入了福州。兴办西式教育有助于传教士在平民中快速传播基督教文化，因此创办学校成为教会主要的社会活动之一。[③]

福州西式学堂始自1853年（亦说1858年）美公理会创办的格致书院，此后各教会陆续创办了一批新式学校，如鹤龄英华书院、三一学院等。福州教育的另一特点是女校较多，至1921年全福州共有16所女校，1750名以上的女学生，故当时闽海关税务司华善（P.R.Walsham）在报告中曾写道："妇女解放的步伐迈得很快，任何地方都没有像福州这么明显。"[④]

① 卢美松. 福州名园史影 [M]. 福州：福建美术出版社，2007.
② 林星. 近代福建城市发展研究（1843-1949年）——以福州、厦门为中心 [D]. 厦门：厦门大学，2004.
③ 谢承平. 文化基因的遗传与转换——福州近代高校校园建筑比较分析 [J]. 华中建筑，2018，36（1）：105-109.
④ 林星. 近代福建城市发展研究（1843-1949年）——以福州、厦门为中心 [D]. 厦门：厦门大学，2004.

图7-2-1　福建华南女子文理学院
（图片来源：孙燕 摄）

　　中国近代校园规划的现代化转型，主要受西方设计模式的影响。[1]在新式校园的规划建设上，尤其在传播西方文化科学的教会大学，这点更加突出。以华南女子文理学院为例，初建于民国三年，教学楼建筑风格为中西结合式"U"形连体楼房，主楼三层两侧楼五层，占地面积2800平方米，建筑面积约1.2万平方米，为当时仓山规模最大的建筑。[2]其附属园林也带有鲜明的西方古典主义的布局特点，典型的中轴对称，但是依山就势的层层递进，也能形成丰富的步行和视觉体验（图7-2-1）。福建协和大学便是这个设计探索的实践，虽然并没有完全按照当初的方案全部建成，但是对当时中国近代新式校园的规划还是产生了深远的影响。

三、私家园林

　　福州近代私家园林，可根据园主人分为三大类：

　　一是官场退隐的文人建造的私家园林，如螺洲陈氏五楼庭园。陈氏五楼是清末皇帝溥仪

① 卢伟. "适应性"中的不适应——墨菲校园规划的"适应性"演变及在闽的地域性抵抗[J]. 城市规划，2017，41（9）：114-121.
② 仓山区地方志编纂委员会. 仓山区志 [M]. 福州：福建教育出版社，1994.

的老师陈宝琛的故居，位于福州市仓山螺洲镇。福州新式教育奠基者之一陈宝琛（1848—1935年）遭贬回乡期间开始兴建，至民国初竣工，占地4113平方米。"陈氏五楼"按建筑时间依次为赐书楼、还读楼、沧趣楼、北望楼和晞楼[1]，为中西合璧建筑，集江南私家园林韵味和北方庭院风格于一体；白墙灰瓦坡屋面，平脊飞檐不起翘，花格门窗垂花柱，花木扶疏，环境优美，典雅素淡。

二是由民族资本家兴建的私家园林，如龚氏花园（三山旧馆）。三山旧馆位于现在的西湖宾馆内，这座清末年间重修、誉甲八闽的园林宅院，原是龚氏家族宅园，宅园独享西湖园林美景，视野宽阔。

三是西式花园洋房庭园。花园洋房是典型的"舶来品"，体现了"先进的中国人"对西方现代化生活方式的向往。[2]花园洋房的风格多样。仓山常见的花园洋房，殖民地外廊、人字山花，是结合了文艺复兴和安妮女王（Anne Queen）时期样式的建筑。"（建筑）用地除特殊情况外，一般是基地力求方正；周围筑高墙或作篱，以形成一个私家花园，花园里多数是利用地形种植草坪绿化，甚至还设置了花房；建筑坐北朝南；早期住宅多有高踏步，后期则为低地平，甚至与室外空间连成一体，显然是西欧近代居住建筑中注重室内外空间环境联系的体现；少数花园洋房亦沿袭中国传统花园住宅的布局，但未形成气候。"[3]根据调查，公园路—跑马场片区核定的近代建筑共有29幢（圣马可书院礼拜堂已拆除，实际留存28幢），其中公园路沿线（不包括公园西路）沿街建筑9幢，大部分都带有花园和庭院。[4]

四、园林植物的引种

对外交流和近代园林的兴起，也引进了大量珍稀外来植物种类，丰富了福州园林植物资源。在当年的禅臣花园中，引进了南洋杉、加拿利海枣。在领事馆庭园，引进石栗、贝壳杉等树种。在烟台山沿线建造的山地花园别墅中，面积较大的花园里，既有本地的龙眼、白兰花等植物，也有从东南亚地区引种的南洋杉、老人葵等植物（图7-2-2）。较具代表性的有：

南洋杉（Araucaria cunninghamii），南洋杉科南洋杉属常绿乔木。多植于洋房庭院，西人尤喜，在禅臣花园遗址（时代中学）内有多株，为一级古树名木。

异叶南洋杉（Araucaria heterophylla），南洋杉科南洋杉属常绿乔木。原产大洋洲，多植于洋房庭院，西人尤喜。

① 王长英. 末代帝师陈宝琛藏书楼及其藏书 [J]. 江西图书馆学刊, 2006,（02）: 124-125.
② 林轶南. 近代居住性历史街区环境更新设计研究——以福州仓山公园路街区为例 [D]. 上海: 上海大学, 2009.
③ 马骥. 城市优秀近代建筑保护初探——以上海市旧有花园洋房保护规划为例 [J]. 华中建筑, 2004.（03）: 103-105.
④ 福州市城乡规划局. 福州市区优秀近现代建筑保护规划. 福州市规划设计研究院. 福州: 2008.

图7-2-2　烟台山德国领事馆旧影中的南洋杉
（图片来源：《福州烟台山：文化翡翠》[①]）

丝葵（Washingtonia filifera），俗称老人葵，别名加州蒲葵、华盛顿棕榈。原产于美国的加利福尼亚州、亚利桑那州以及墨西哥等地。树冠优美，叶大如扇，生长迅速，四季常青。多植于庭院之中观赏或列植于大型建筑物前及道路两旁。仓山电影院现址中引种了不少。

龙舌兰（Agave americana L.），龙舌兰科龙舌兰属。原产墨西哥，后引种到菲律宾、印度尼西亚等地，1901年从菲律宾传入福建省。该植物纤维含量高，常被用来搓制缆绳。原在仓前山遍布，现已很少见。

芭蕉树（Musa basjoo），芭蕉科芭蕉属大型多年生草本。原产琉球群岛，福州栽培很多，多植于庭园、农舍附近。仓前山中式、西式庭院中都有种植。

第三节　实例

一、协和大学校园（魁岐校区）

福建协和大学由英美基督教教会联合创办于1915年，是如今的福建师范大学和福建农林大学的前身，是近代西式校园的范例。学校起初租用福州仓山观井路的俄商茶行旧址招生，1922年迁至鼓山脚下、闽江北岸的魁岐村。从1925年起，校园陆续落成文学院、理学院、学生宿舍和教师住宅等建筑30座，并配备有运动场、排球场、网球场、游泳池等运动设施，附设园艺试验场、农艺试验场、昆虫研究室、养蜂试验场和种鸡试验场等科研用房，是当时福州最先进的高等学府之一。新中国成立后，学校并入现在的福建农林大学和福建师范大学，原魁岐校址由海王制药有限公司使用。目前，校园遗址内仍较好地保留有10余座近代建筑，是福州现存规模最大的近代校园建筑群，2013年被列为福建省级文物保护单位。[②]

① 岳峰，兰春寿，李启辉. 福州烟台山：文化翡翠 [M]. 福州：福建人民出版社，2021.
② 谢承平. 文化基因的遗传与转换——福州近代高校校园建筑比较分析 [J]. 华中建筑，2018，36（1）：105-109.

协和大学最初的设计师是加拿大籍建筑师赫士（Harry Hussey），但是他的方案一直未获校方认可，后由美国建筑师墨菲（Henry Killam Murphy）为主持设计师。[①]墨菲在20世纪上半叶主持设计了长沙雅礼大学、北京的清华大学、燕京大学、南京金陵女子大学、上海沪江大学、厦门大学，以及福州的福建协和大学，是当时新式校园规划设计的代表性人物。由于魁岐地块地处鼓山南麓，和闽江紧邻，平地较少、地形复杂，但是具有山江交融的别样景致。墨菲原先在其他中国近代校园中常用的长轴线控制和沿轴线递进式院落的空间模式无法在协和大学的地块得以实施，因此墨菲结合场地的特点，最后采用了"多组团"的布局来适应这个复杂的地形。[②]但也正因为此，形成了协和大学与自然山水高度融合、具有独特风景的近代校园形式。

按照墨菲的总体规划，协和大学形成了东西两组院落组团，均采用对称式布局。西侧主要一组院落在山脚平地上横向展开，中心由一圈建筑围合成圆形，圆形正中为一圆形组合建筑，具有强烈的向心性。东侧次要一组院落则位于山腰处一块平地上，采用中国传统的院落组合式，矩形纵向排布。所有建筑都采用中国传统的大屋顶，建筑风格一致，较好地实现了整体环境的协调。两个院落有强烈的主次、对比关系，并依地形作相应的布局调整（图7-3-1）。该规划图反映了墨菲早期的建筑思想，具有西方功能主义的

图7-3-1　墨菲所做的福建协和大学规划设计鸟瞰（1918年，福州）[③]
（图片来源：Jeffrey W. Cody. Building in China -Henry K. Murphy's "Adaptive Architecture"
(1914-1915)［M］. 香港：香港中文大学出版社，2001.）

---

① 卢伟. "适应性"中的不适应——墨菲校园规划的"适应性"演变及在闽的地域性抵抗［J］. 城市规划，2017，41（9）：114-121.

② 卢伟. "适应性"中的不适应——墨菲校园规划的"适应性"演变及在闽的地域性抵抗［J］. 城市规划，2017，41（9）：114-121.

③ Jeffrey W. Cody. Building in China -Henry K. Murphy's "Adaptive Architecture"（1914-1915）.［M］. 香港：香港中文大学出版社，2001.

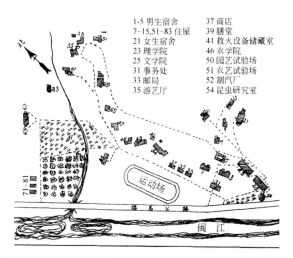

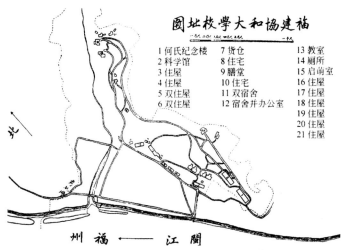

图7-3-2　校园平面图
（图片来源：福建师范大学档案馆）

图7-3-3　福建协和大学校址图
（图片来源：福建省档案馆）

图7-3-4　20世纪30年代的福建协和大学
（图片来源：美国耶鲁大学图书馆）

倾向，而且充分结合了山形地势，体现了"鼓山之麓、闽江之滨"的环境特色。虽然墨菲的方案得到了校方的认可，但是可能受建设量、建设周期或者校方设计任务不确定性的影响，最后实施的总体布局和墨菲的原始方案还是存在很大的差别，根据地形做了明显的调整，采用了一种更为自由的园林式布局（图7-3-2、图7-3-3），这也体现了从功能主义向因地制宜的规划思想的演变。[1]

从最终实施的总体布局来看，东侧山地组团的一部分延续了墨菲的规划初衷，而西侧的组团做了完全地调整。主要的建筑沿山地呈带状分布，这样的自由式布局，和自然山水风景融合得更加协调，也适应了农学等学科设置的需求（图7-3-4）。校长楼、文学院、理学院等教学区位于东区，学生宿舍紧邻教学区，这部分建筑主次空间分明、轴线明确、建筑风格一致，基本延续了墨菲方案的轴线和建筑布局走向，其中的文学楼、理学楼、校长楼等主要建筑雄伟壮观，背山面江屹立山腰之上，成为空间视觉的焦点（图7-3-5、图7-3-6）。其他教工宿舍和配套建筑依山而建，布局自由灵活。而山前地势平坦之处，则大部分成为了运动场、各类农艺园艺昆虫等试验场、研究所等。自由式分布既满足了教学实

① 李海霞. 福建协和大学魁岐校区校园规划和建筑考（1922—1939）[J]. 建筑史，2011（00）：188-200.

图7-3-5 福建协和大学校园中的农田
（图片来源：翁脉东，福建协和大学校友会. 福建协和大学史料汇编
[M]. 福州：福建人民出版社，2016.）

图7-3-6 山上校园主体建筑眺望闽江
（图片来源：翁脉东，福建协和大学校友会. 福建协和大学史料汇编
[M]. 福州：福建人民出版社，2016.）

验的需要，也为今后发展预留了条件。沿闽江则修建了码头和协大路，作为主要的对外交通方便师生外出。

这样的总体布局，背山面江，与周围的自然山水充分融合，相互借景，也完全体现了"鼓山之麓、闽江之滨"的环境特色。建筑群也多采用三合院式的布局，利用半封闭的空间提供师生们的交往场所，布置尺度适宜、层次分明的草坪绿地。在吸收西方近代建筑朝向、通风、采光、防潮等，满足基本功能的同时，尽力营造中国传统空间，甚至在总体规划中应用了"以小见大""步移景异"等中式园林的做法，体现了中西兼容并蓄的特点。[①]这样的校园，中西合璧的建筑样式，既有近代西式校园的"布扎体系"模式和功能主义的特点，又有融入闽江鼓山的山水大观，还有田园诗画的大场景，如此优美的校园景观难怪当时被称誉为世界上最好的十所大学之一。

近代，福建协和大学在1958年改为今日福州海王制药厂厂区使用，现存主要校园建筑，或用作厂房和工人宿舍，或用作行政办公和仓库使用，或湮灭荒废，校长楼早期也作为药厂幼儿园使用，现已闲置，虽药厂有一定程度的维护维修，但并未严格按照历史建筑的标准进行，存在大量构件损毁腐蚀、破烂坍塌、风化锈蚀、改建加搭、管道横行等现象。作为过去中国教会大学中唯一在今日未进行教育用途的校园[②]，保护和利用亟待解决。

2020年，福州市启动了第一轮福建协和大学旧址保护利用规划和近期实施修复工程项目，明确在权属关系与药厂尚未明确的事实情况下，保护修缮工作确保修旧如旧、不大修土

---

① 李海霞. 福建协和大学魁岐校区校园规划和建筑考（1922—1939）[J]. 建筑史，2011（00）：188-200.

② 李海霞. 福建协和大学魁岐校区校园规划和建筑考（1922—1939）[J]. 建筑史，2011（00）：188-200.

木、展现古建筑原有的历史风貌的原则。《福建协和大学近代历史建筑群保护规划》划定福
建协和大学收储范围22.69公顷，核心保护范围5.3公顷，建设控制地带18.65公顷。通过对
协和大学近代历史建筑的保护修缮与活化利用，形成以文化博览、创新产业、旅游休闲、教
育培训为主要功能，独具魅力的福州城市文博区（图7-3-7）。根据规划分期进行保护修缮

图7-3-7　福建协和大学近代历史建筑群保护规划图
（图片来源：福州市历史文化名城管理委员会. 福建协和大学近代历史建筑群保护规划. 上海同济城市规划设计
研究院有限公司. 福州：2019.）

和建设，先期重点对核心保护范围内16处登记的文物保护建筑进行全面修缮以及周边园林景观的修复整治。

福建协和大学是中国固有建筑形式与西方建筑形式、技术及现代建筑使用功能相结合的一次探索，也体现了校园规划布局从人本功能主义向中国传统依山就势、因地制宜建构思想实践融合的典型。因此，在对于核心区的恢复性整治工作中，尤其重视与自然环境的融合和对校园环境氛围的营造，通过拆除不协调搭建建筑，恢复原有交通组织系统，梳理开放空间体系，逐渐重现协大教学、生活、公共活动清晰的区划骨架，再现建筑群落从山脚到山腰沿山形带状总体自由、局部轴线的总体格局，并呈现出协大原有风景秀丽、绿水成荫、山水兼得的景观画卷（图7-3-8）。

在校园景观的保护提升实践手法上，通过重构南北向自校长楼至文、理学楼，东西向经校长楼至校门两条逐级抬升、层次展开的轴线，起到统领建筑群落、强化视觉廊道、塑造景观焦点的作用。拾级而上，前可以放眼闽江，后依靠鼓山之山麓，构图形式得天独厚。此外，园林空间的梳理甚为重要，协大原有的景观空间主次分明，形式较为西化，教学区域多利用建筑前可供交往交流的露天开放空间，布置尺度适宜的草坪绿地和乔木大树；宿舍及教工宿舍，多形成三面围合的合院形式，符合中国传统建筑空间布局，并在院落中栽植花木，布置水景铺地，配合建筑本身坡顶屋面、传统门罩、石雕砖刻等中式元素，颇具中西合璧的园林韵味。沿线的铺地、石级、围墙、栏杆和植被，皆体现了山地环境的特征和福州传统手法与现代工艺结合的风貌（图7-3-9、图7-3-10）。

图7-3-8 整修后的校长楼周边环境
（图片来源：郑锴 摄）

图7-3-9　光荣楼边整治
（图片来源：郑锴 摄）

图7-3-10　光荣楼前蝶形梯道
（图片来源：郑锴 摄）

协和大学校园建筑景观环境的修复才刚刚开始。它作为特定时代中西建筑园林文化的载体和实证，蕴含着重要的文化历史价值，有待整体系统的保护、修复和活化利用。

二、陈绍宽故居

陈绍宽故居是近现代官员文人建造的别墅花园代表，与福州传统的私家园林已经有较为明显的差异了。故居位于福州市仓山区胪雷村，始建于1921年。陈绍宽（1889-1969年），字厚甫，曾任民国海军部部长、海军总司令，国民革命军陆军、海军一级上将，是中国海军史上的重要人物之一。故居是福州郊区合院式大厝的典型代表，也是一座典型的中西合璧式建筑，于2015年被公布为市级文物保护单位。建筑坐北朝南，面阔五间，占地754平方米，正面为西洋建筑式样，墙面蓝色，象征海洋。门厅两副楹联"海阔天空气象，风高月霁襟怀""复礼归仁端克己；移风易俗为型方"。正中插屏门上原有楹联"有容乃大；无欲则刚""养天地正气，法古今完人"。

故居由入口门埕、门厅、前天井、左右披榭、主座、后天井、左右披榭、后祭厅组成主体建筑群，其木构形制为清末福州穿斗式木构架建筑，整个主体院落外观为典型的民国时期风格，丰富和发展了清代福州古厝的外墙造型模式，尤其是门、窗洞采用拱券，与建筑

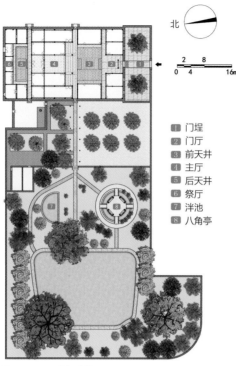

北

| 2 8 |
| 0 4 16m |

1 门埕
2 门厅
3 前天井
4 主厅
5 后天井
6 祭厅
7 泮池
8 八角亭

图7-3-11 陈绍宽故居平面图
（图片来源：许航 绘）

有机结合，起到了锦上添花、画龙点睛的效果（图7-3-11）。同时，门窗雕有"周公六行""管子四维""世守共和""家传孝友"等字样，反映出儒家传统道德思想。

主座西侧有占地4143平方米的花园，园林占地面积远大于住宅区域，与传统的福州小园有着本质区别。园中布设有假山（今不存）、泮池、大鱼池、八角亭以及花果林木等，周围封火墙。西侧水潭名曰月井潭，象征军港，东侧泮池象征江河，八角亭则象征指挥塔，体现了园主的身份特性。旧时水潭、水池均与内河相通，随着乌龙江潮水涨落（图7-3-12）。园中八角亭以独立亭的形式出现，四周环以圆形沟池，四面设平桥，这种形式亦出现在广州余荫山房水榭景观中，应是南方园林为适应湿热气候特有的处理手法[1]，但这类做法在福州古代传统私家园

图7-3-12 陈绍宽故居水池
（图片来源：黄晴 摄）

---

① 曹春平. 闽台私家园林［M］. 北京：清华大学出版社，2013.

林中较为少见，倒是在一些书院、寺观等较大的园林空间中有类似做法，如鳌峰书院全盛期时期的荷花塘和鉴亭。

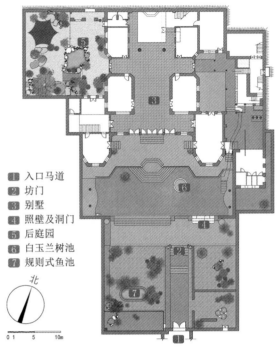

1. 入口马道
2. 坊门
3. 别墅
4. 照壁及洞门
5. 后庭园
6. 白玉兰树池
7. 规则式鱼池

图7-3-13　采峰别墅平面图
（图片来源：许航 绘）

图7-3-14　采峰别墅的坊门、照壁和主体建筑
（图片来源：王文奎 摄）

三、采峰别墅

采峰别墅是现存近现代保留较为完整的西式花园洋房庭园。位于台江区上杭路122号，别墅占地面积2000多平方米，建筑面积524平方米，建于1920年，为马来西亚爱国侨领杨鸿斌（1884-1974年）所有，杨家三代人皆居住于此（图7-3-13）。因别墅选址于彩气山南麓，取"采五峰之灵气"，故名。2009年被公布为省级文物保护单位。

别墅由大门、坊门、照壁、庭院、主体建筑和园林组成，四周为砖砌高墙。大门临上杭路，入口有"马道"至西洋式坊门口（图7-3-14）。别墅的主体建筑及附属建筑均为上下两层，部分建有地下室。建筑所用建材地砖、木材皆为海外运来，砌墙用砖系专门烧制，上有"采峰"字样，可见别墅建造考究。[①]

园林位于别墅左侧区域，由假山、鱼池、亭、花木等组成，为中西结合的特色园林（图7-3-15）。鱼池以一座平桥中轴对称，假山体量较小内设雪洞，现存有一假山石刻"小雁岩"。假山靠墙一侧设有台阶可攀登山顶，旁为六角独立亭，园内花木浓荫遮蔽，幽静淡雅，别墅二层观景平台可纵览全园。

采峰别墅的庭园保存较为完好，几何形状鱼池、红砖建筑、独立六角亭、假山雪洞，在技术上采用混凝土铺成园路。既有继承福州传统私家园林的叠山理水的方法，同时也受到现代和西方材料技艺的影响，但是手法上已经不如以前的娴熟和讲究，空间意境的表现也略逊色。

---

① 卢美松. 福州名园史影［M］. 福州：福建美术出版社，2007.

闽都园林
——福州传统园林探究和保护传承

图7-3-15　采峰别墅园林洞门及鱼池假山
（图片来源：黄晴、许航 摄）

第八章

福州传统园林的传承实践

福州传统园林是闽都文化的重要组成部分。这些传统园林不仅是福州城的历史遗产，其中的造园理念和艺术手法，对当代福州城乡建设产生了积极的意义。传承和发展福州传统园林，一方面需保护和活化利用好传统园林，另一方面不断吸取传统园林优秀的造园艺术和理念，促进当代城乡人居环境的高质量发展，两个方面都是发扬光大闽都文化的重要实践。

第一节　传统园林的保护与活化利用

在20世纪末至21世纪初，特别是近二十年，福州市通过三坊七巷、朱紫坊、上下杭等历史文化街区和乌山、于山、屏山、冶山、西湖等历史文化风貌区的保护修复，一大批传统园林、风景名胜得到了保护与修复。按照"不改变文物原状"的原则和"镶牙式、渐进式、微循环、小规模、不间断"的步骤，实施整体保护修复，做到修旧如旧，修旧不守旧，最大程度还原原有的样貌，恢复传统园林本来形态，并活化利用展示在公众面前。

以三坊七巷古园林保护修复项目为例，在实施过程中，通过大量的史料收集、实地调研、总结归纳，一园一策有针对性地对各私家园林、公共空间景观、护城河沿岸提出保护修复办法。针对三坊七巷近40公顷范围内的多种园林景观分区，进行分区域分等级的园林保护修复。包括有：国保单位的庭院园林私家宅园、传统商业气息的南后街、闽都地方独特的坊巷、老护城河的安泰河沿岸、已改造为市政路的杨桥巷光禄坊通湖路等。

在园林修缮过程中注重历史信息的还原。以国家级文物保护单位朱紫坊芙蓉园为例，对折廊、半亭、白云精舍等园林建筑进行"修旧如旧"。同时依据民国二十五年房屋地契，对原有靠山墙的大型假山（基本无存）进行恢复（图8-1-1），对搭建在台面和水面的违章搭建房屋进行拆除，使得保护工程能够更多保存其真实的历史信息和价值。

结合保护修复工程，还对传统园林的造园艺术进行挖掘梳理和研究。基于对本地传统园林基本制式的研究，从古代私家园林的选址、布局、宅邸建筑、园林建筑、假山叠石、庭院理水、花木配置、造园意境等方面进行深入分析，总结出福州古代私家园林的造园特点。同时结合数字化技术推动保护工作，例如通过王麒故居的测绘及后期处理，还原了未被苍天榕树占据的小园全貌，更好地表现最初时期园林池、山等要素的组合效果（图8-1-2）。

在园林的活化利用过程中，近年来持续推动"文化+旅游""物质+非物质文化遗产"的融合发展，打造展示闽都文化的平台载体。在三坊七巷历史文化街区中，园林的活化利用有着不同定位，不仅延续了文人雅士之趣，也展示福州悠久的历史文化。各个历史文化街区和风景名胜，都立足于多类型传统园林的特色和禀赋，宜游则游、宜商则商、宜居则居、宜文则文，通过引入多类型的业态和活动策划，让传统园林走入百姓的日常生活中。

图8-1-1　芙蓉园之芙蓉别岛处修复前后照片对比
（图片来源：黄晴 摄）

图8-1-2　王麒故居园林数字化测绘分析（现状和去榕树效果）
（图片来源：游嘉铭 绘）

第二节　传统造园艺术的现代传承

中国传统园林的造园艺术，如明代计成《园冶》提出的"虽由人作，宛自天开"的造园思想和"巧于因借，精在体宜"；孟兆祯院士在《园衍》中提出的以"借景"为核心的"六

法",包括"明旨、相地、问名、布局、理微、余韵",①成为中国传统造园艺术的高度总结和凝练。福州的传统园林,也在这些理论框架下,结合自身的自然地理和文化特点,逐渐形成了一定的地方特色,并在现代人居环境的各种空间营造中不断得到强化、传承和创新。

一、显山露水

显山露水是"望得见山、看得见水"的前提条件。如同福州传统园林中对于古城三山以及山水格局的呵护与彰显,在当代的城市、街区、场所等不同层次中,不断强化突出山水城市的特征。

---

① 孟兆祯. 园衍 [M]. 北京:中国建筑工业出版社,2015.

图8-2-1　晋安湖片区山水城相融的城市格局
（图片来源：王文奎 摄）

　　根据山体保护规划和"以用促保"，通过三个途径"显山"。一是保护山体本体，还山于民；二是进行山体周围的城市高度管控，显山看得见山；三是保护和挖掘山体的历史文化和风景资源，将市民喜爱的福道引入山上，看山能进山、见绿能享绿。在经过多年的山体生态公园建设及周边环境整治，人与山的关系也愈加亲近，还重新部分找回三山视廊及良好的对景关系，适度恢复古城三山的通视格局。

　　"看水"是城水相依的福州城的一道特色风景，传统园林"理水"就是依据水的规律，在综合性水治理的基础上进行风景的营造。福州结合全市水环境综合治理和提升，完成城区156条内河治理，新增了晋安湖、旗山湖、井店湖等五处湖体，开展水岸的近自然化治理及景观建设，使得福州河网水系重新焕发生机，优化了城市空间结构、提升了城市韧性。特别是在晋安片区晋安湖、大学城旗山湖片区，站在城市空间格局的层面，梳理山水格局，重构了新城的山水大格局（图8-2-1、图8-2-2）。

图8-2-2　大学城共享区实现了山水相连
（图片来源：林鹏飞 摄）

二、巧于因借

借景是福州传统园林中非常重要的造园手法，三山两塔即是一种城市重要的借景对景格局。借景往往在选择园基时开始考虑，并贯穿整个设计过程，使园林空间不局限于园址边界。由于福州有着得天独厚的山水环境，福州古典园林中，无论是私家园林还是公共园林都强调借景，常借远山、江水、高塔等景，这在当代福州城市公园和开放空间的设计中也有广泛应用。例如，福州文庙前广场的建设，通过拆房建园透绿，在延伸文庙中轴线复还前导空间的同时，提升文庙周边环境，游人站在广场的中轴线上可借景乌山东麓的乌塔，与古时"两山两塔"历史格局的视线廊道相呼应。乌山邻霄台景区的不危亭和仰止亭就很好地利用了借景，凭栏向北远眺，可越过三坊七巷片区借景屏山镇海楼，再现百年前古城三山的通视格局。

屏山抬高10米台基的镇海楼，西湖大梦松声改亭为三层三檐六角攒尖顶的梦山阁，近看是阁远观为亭，不仅是登楼阁以览城，更是让这楼和阁，成为城市范围里借景的地标，界定城市空间的格局。借景不仅存在于山体和公园节点，更广泛地融入到了街道和河网水岸空间的城市空间网络中。于山北的太平街可对景白塔，洪湾河一个转弯可借景古厝古榕。如此的借景对景，在福州的街巷和河网中多有常见，形成了城市中的别样风景。

三、风貌塑造

福州不仅山水形胜，由于地处闽东，其建筑和园林均有自己的特色。特别是封火墙优雅独特的线条已成为福州城市最具特色的标签之一，也成为福州传统园林中重要的风貌标识（图8-2-3）。当然其他的风貌特色也体现在墙帽、彩绘、泥塑、花窗等建筑和构件中，以榕树为主的地带性植物也显现出强烈的风貌特色。为了推动风貌的塑造，调查汇编的福州《古厝园林图谱》，可以广泛应用于各类园林和公共空间中。

图8-2-3　封火墙和榕树成为三坊七巷和福州城市的形象标识

这些风貌特色的塑造既出现在重要的公园、山地、湖体和公共开放空间中，也广泛地应用在小街小巷和河网水岸的空间营造中，尤其是伴随着水系综合治理、城市更新，深入到了街巷和河网的城市线性空间和节点中，更能够形成城市的整体性风貌特征。

四、传承创新

传统造园艺术和当代新技术发展的结合，促进传统园林的可持续发展和传承。比如筑山理水和地形的塑造，可与当代海绵城市相结合。牛岗山和鹤林生态公园呈现自然山水园的空间形态，实质却是一个海绵城市和生态水系的示范项目，起伏变化的地形设计是海绵城市有组织的地表径流，形成了雨水渗、滞、蓄、净和排的绿地。晋安湖的榕荫长堤和榕心岛，空间布局上继承了传统造园"湖中有岛、岛中有湖"和营造丰富水面空间的造园艺术，实质上还是一个实现河湖分离、智慧调控、扩大湖体调蓄库容量的技术创新。

"虽由人作，宛自天开"，不仅仅是传统园林在空间形态上模拟自然，或微缩山水景观于咫尺园林中，在当代更应该追求一种近自然的建设、维护和运营的方式，是提倡让自然做功、实现低维护的园林建设模式。而更大尺度的城市山水格局的规划，不仅是视觉上的，更与城市的风廊、水廊、绿廊和生物廊道结合，推动城市的可持续发展，使得传统园林的造园艺术也体现出更为持久的生命力（图8-2-4）。

图8-2-4　晋安新城的山水通廊也是重要的风廊、水廊、绿廊
（图片来源：石磊磊 摄）

第三节　传承发展实例

一、日本那霸福州园

　　福州与日本的那霸是一海相隔的友好城市，历史上关系也十分密切。明太祖为便于琉球贡使往来，赐福建36姓到琉球，并在那霸港附近的久米村定居。这36姓多为航海家、学者和有一技之长的能工巧匠，他们及后人在琉球将近500年的历史中，对琉球的社会发展起到了重要的推动作用。1991年为纪念福州和那霸结为友好城市十周年，那霸市兴建福州园，由福州市提供工程设计、木造和石构建以及技术指导（图8-3-1、图8-3-2）。时任福州市规划设计研究院的陈钟高级工程师作为设计负责人和现场指导。

　　公园位于那霸市久米村，即福建36姓到达日本时的居住地。公园占地面积8500平方米，有三大区域、四季风光、八大景观，以及"二池泉水"和"三环"的游园路线，共同构成了福州园的园林空间与"八景"。福州园采用体现福州地域特色的传统造园手法。园内分明、稳、华三个部分，并通过季节性树木花草展现四季景观。在极为有限的空间中，小中见大，将三山（于山、乌山、屏山）、两塔（乌塔、白塔）、一流（闽江）等著名的福州代表性风景巧妙地融入公园中。公园建筑粉墙黛瓦，体现福州闽地的特色，尤其是封火山墙、

图8-3-1　日本那霸市福州园效果图
（图片来源：陈钟 提供）

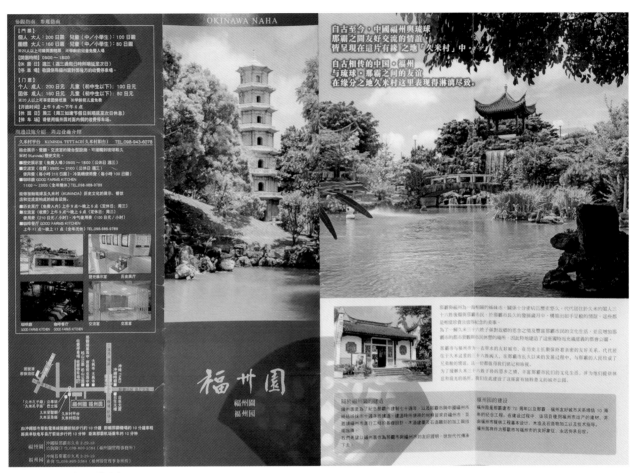

图8-3-2 福州园导览介绍手册
（图片来源：陈钟 提供）

窗花、石雕、彩绘、大漆的楹联和室内的漆画等元素，工艺也皆来自于福州（图8-3-2、图8-3-3）。亭、廊、堂、馆、榭形式丰富，回转曲折，空间极为丰富，作为主景建筑的三十六鸳鸯馆用来寓意和纪念"福建36姓"（图8-3-4）。公园的叠山理水更是遵循中国传统造园的手法，所用景石也皆为福州的海礁石。福州园建成后即被列入日本的国家级文化财产，成为那霸市重要的旅游参观景点，这也是当代福州传统园林走向世界的第一个项目。

半亭　　　　　　　　　　　　　北大门

图8-3-3　那霸园中冶山冶亭
（图片来源：陈钟 提供）

实景

图8-3-4　三十六鸳鸯馆实景
（图片来源：陈钟 提供）

二、西藏林芝福建园

　　"福建园"工程作为贯彻中央的决策和福建省援藏重点工程，从1999年5月开始，截至2001年5月竣工，总面积12公顷，是当时西藏地区第一座城市综合性公园，由福州市规划设计研究院担任设计及施工的全过程技术支持。

　　公园选址位于西藏林芝地区八一镇，藏东南尼洋河河谷平原中，有西藏的江南之称，也是雪域高原重要的新城镇。公园的设计充分尊重场地的大山水格局，继承了传统造园的手法和藏族同胞的愿望，藏汉融合，同时又满足了城市综合性公园的要求。

　　公园以城区所在的大山水格局定轴，以"闽芝湖"为内聚中心，沿湖岸曲折起伏进出环绕闭合主游道，连接主入口和西入口。以主游道有序组合园之八大景观，完善配置小景和活动设施，四周以自然丛林，形成屏障和完整的内部空间。同时通过树林过渡，连接和引入外部远近山林景观，借景"神山"，又与公园融为一体，延伸了空间。从而形成一湖、两塔、四季（植物景区）、八景（主景）构成的空间序列和"福建园八景"的空间构图（图8-3-5、图8-3-6）。[①]

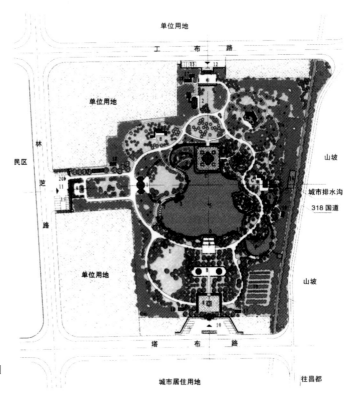

图8-3-5　西藏林芝福建园平面图
（图片来源：陈钟 绘）

① 陈钟. 藏闽和合雪域江南——西藏"福建园"的思考 [J]. 中国园林，2004，（4）：8-10.

公园在文化和风貌上体现藏汉融合的特点，既有体现福州城市特色的双塔胜迹（福州典型人文景观乌塔和白塔）和传统闽地特色建筑，又在材料、装饰、彩绘、楹联等方面体现藏闽结合的特点。如双塔采用铜筑形式，平添了双塔的文物性和藏文化、佛文化的韵味；如闽芝阁等亭台楼阁的楹联装饰和命名，都大量融入了唐卡、藏文的内容，与诗词楹联等结合，体现了藏闽结合的特点。在场所布置上，充分响应藏族同胞的风俗习惯和美好愿望，针对藏族同胞喜爱的歌舞活动和户外林卡节等需求，形成了燕舞广场和大量的林间大草坪空间。同时，还首次与地方高校合作，通过系统的研究，克服西藏地区园林绿化苗木空缺的困难，充分发掘和利用了藏东南特有的观赏植物资源，通过科学的引种栽培，引入了一些适应林芝地区的园林植物，使得公园成为当时西藏地区观赏植物最为丰富的城市公园，兼有雪域和江南的韵味（图8-3-7）。本项目获福建省优秀工程勘察设计一等奖。

图8-3-6　西藏林芝福建园鸟瞰
（图片来源：王文奎 摄）

图8-3-7　闽芝阁（左）和建筑内的藏族风格的彩绘装饰（右）
（图片来源：王文奎 摄）

三、黎明湖公园

　　黎明湖位于乌山南麓，市政府正南，具有独特的地理位置。但是历史上黎明湖所在位置是乌山南麓城墙外池塘河网密布的水乡，沿着东西河两侧有大大小小诸多的池塘（图8-3-8），算是城外之地。随着城市的发展，这里成了市中心保留为数不多的池塘，位居乌山南麓玉带环腰的重要位置，是乌山历史风貌区的重要组成部分。但是很长的一段时间里，这里是黎明村的鱼塘和一些村办酒楼等所在地，基础设施落后，并未对公众开放。

　　2014年黎明湖西侧湖体的一期工程启动，2015年建成开放。2019年结合地铁2号线加洋路站全面启动黎明湖综合整治工程，总面积约6公顷。总体呈现"东湖西园"的格局，小巧精致，是传承闽都传统园林的典型写照，形成了闹市中一处不可多得的雅静之地和公共山水园林，被誉为"福州小西湖"（图8-3-9）。

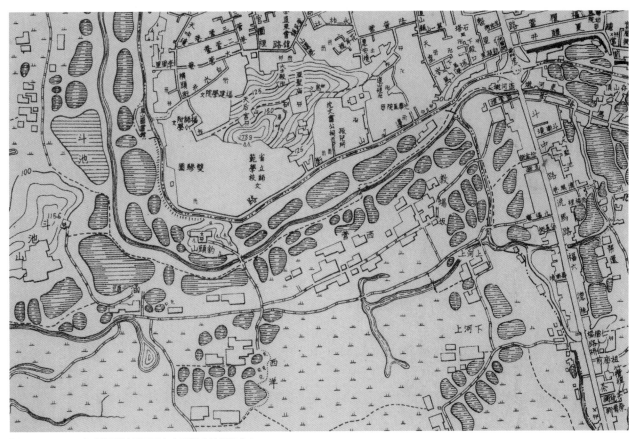

图8-3-8　1938年的福州地图显示乌山路以南的湖体分布

图8-3-9 乌山南麓黎明湖总平面图
（图片来源：陈志良 绘）

　　正如福州历史上的西湖变迁和风景营造，其始终和河湖疏浚等水系的治理相结合。黎明湖公园工程也是一项综合性较强的景观工程，以解决"园不全、路不畅、水不清、山水不连"等问题为基本要求，实施了湖体周边截污、水环境提升、绿化和景观、驳岸及桥梁等工程，建立多层次多元化"人水和谐"的生态景观，并通过环湖步道串联起乌山、地铁西洋站、东西河、人防通道及乌山南通道。按照福州传统园林的山水理法和造园艺术，打造了"平海天风""派江吻海""湖山双壁"等景点，形成了"景美、文胜、路通、水清"的市中心公共山水园林。

　　总体上，黎明湖公园呈现"东湖西园"的布局。西园湖面较小，水系蜿蜒、岛屿镶嵌，因势借景以福州古建风格构造了回廊相连的亭台楼阁，有观湖台、印月阁、荷风榭。小湖东面有长廊接留香楼、品荔亭，东北面湖中小湖建有藏云轩，南行是三孔桥、揽翠亭。湖边曲石拱桥、假山叠石、游憩廊亭，步移景异。楼榭亭台围湖坐落，或临水倚波，或石阶入水，红砖飞檐、假山叠石、池潜锦鲤，鸟叫虫鸣，越过小桥转角又见小山。"荷香随坐卧，湖色映晨昏"。拱桥、折桥、曲廊、木栈道将八座亭台楼阁相连，湖边怪石堆叠，水生植物自然种植，三两只白鹭在荷塘飞翔，呈现出优美的意境和良好的生态环境。烟雨朦胧时，清澈的湖面倒映着粉墙黛瓦的阁楼，典型闽都传统园林的小巧玲珑、以小见大、方寸山水的韵味

（图8-3-10）。西园扩展南门区域空间，连接地铁站，密林衬景、疏朗草坪，疏密有致；打通了环湖石板步道，沿路楹联石刻、亭台掩水，动静有别（图8-3-11）。

图8-3-10　黎明湖西园俯视全景
（图片来源：石磊磊 摄）

图8-3-11　黎明湖南侧环湖步道
（图片来源：王文奎 摄）

东侧湖体水面较为宽阔规整，与乌山山水映衬。环湖拆除不协调构筑物，以传统造园手法增设山石园径，延续乌山山势，山湖相连，打通与乌山历史风貌区的视线通廊。湖中广植荷花菡萏，就像一支支饱蘸了粉墨的湖笔，荷塘边怪石堆叠。园路贴水而行，可避开乌山路的车马喧嚣，漫步在环湖清幽的小道上，看诗意的水塘，感受徐徐拂面的微风，舒适安逸（图8-3-12）。

黎明湖通过传统造园手法打造了"当代版"福州山水公共园林，塑造了福州的"小西湖"。而在黎明湖的乌山路北入口，拆除阻挡乌山的建筑，结合山体修复的营造假山和类院落空间，可以说是在城市空间尺度下，借鉴福州传统园林造园艺术修复山体的一个重要探索。

此处地块原为闲置酒肆房屋，存在一定风险隐患（图8-3-13）。自上而下有10米高差，阻断了乌山与黎明湖之间的联系，使二者间存在"山水不连"的问题。基于解决该问题，应用了福州私家园林传统造园手法，旨在修复被城市建设破坏的自然山水。在这坡下狭小方块之地，依墙（高边坡）起山、顺势理水、山转路回、花厅对景、高台远眺，虽不在坊巷小园之中，也不是礁石泥塑堆叠之方寸造园叠山之法，而是乌山花岗石的延续。但"湖山双壁"却显示不足百步之地亦可修山补水，再现楼台相映山水间的胜景，使得黎明湖、乌山二者"山水相连"，深得百姓留恋，引得众人坐歇半日却忘归（图8-3-14~图8-3-17）。

图8-3-12 黎明湖看乌山和加洋路桥
（图片来源：王文奎 摄）

图8-3-13　阻挡山体的建
筑拆除中
（图片来源：王文奎 摄）

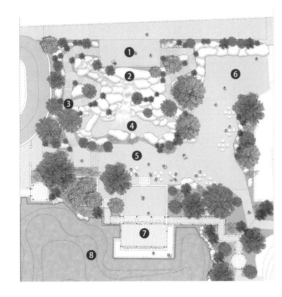

北

2　　8
0　4　　　16m

❶ 观景台

❷ 山石题刻

❸ 假山步道

❹ 跌水瀑布

❺ 观景广场

❻ 防空洞入口广场

❼ 茶馆

❽ 黎明湖

图8-3-14　黎明湖北入口
景观平面图
（图片来源：许航 绘）

图8-3-15　湖山双壁视线
上连接了黎明湖公园与乌山
（图片来源：王文奎 摄）

图8-3-16　乌山路边朝南
俯视黎明湖
（图片来源：王文奎 摄）

图8-3-17　黎明湖临湖茶
馆小憩
（图片来源：石磊磊 摄）

四、晋安公园

晋安公园位于福州市晋安区，是城市东扩南进的重要新城区。总占地面积1710亩。虽为当代的新城中央公园，但却是福州传统园林造园艺术在当代城市中传承发扬的典型实践！

晋安公园分三部分，牛岗山于2016年底建成，鹤林生态公园于2018年春节建成，晋安湖于2022年底基本建成，整体持续建设7年左右。从场地条件出发，传承中国传统理想人居环境的山水布局模式，重新梳理片区的山水结构，作为未来东城区永续发展的基本空间格局，显山露水，奠定山水城区的基础。

福州古城有"三山两塔一条街（中轴）"的基本格局。晋安公园的建设重构了新城区的山水格局，通过定轴线、明地标，宛若福州古城的中轴、山水和双塔地标，也让福州东城区新城有了"湖山相望、城园同构"的山水格局。遵循基地的山水形势，结合城市设计的优化，通过生态修复和蓝绿空间的重组，形成了"北山南湖、一溪贯穿"的城市中央轴线结构。同时城市重要的地标性建筑物，如摩天轮、艺术馆、图书馆、科技馆等均以晋安公园为基底，与城市的视廊和路网形成呼应关系，搭建起了晋安新城的城市空间格局（图8-3-18）。这牛岗山不仅消解和利用了50万立方米的建筑弃土渣土，修复了被城市化过程支离破碎的山体，形成了晋安新城的"靠山"，犹如福州古城屏屏的屏山（图8-3-19）。而这晋安湖不仅仅是风景水体，更是传承和发展了福州古代山水城市中"城水相依"的关系，成为城市重要的水利工程，是片

图8-3-18　晋安公园总平面图
（图片来源：巫小彬 绘）

晋安二十四景
1. 阳光草坪
2. 乐水嘉华
3. 雨花溪湖
4. 童趣乐园
5. 弃土堆山
6. 凤丘鹤林
7. 古榕嘉华
8. 樱香红雨
9. 双溪滴翠
10. 花溪荟芳
11. 艺术之丘
12. 秋天童话
13. 芳草留音
14. 晋安揽秀
15. 临湖品城
16. 凤鸣长虹
17. 天瞳逐晖
18. 叠韵听风
19. 榕心映月
20. 榕荫花堤
21. 星际寻梦
22. 湖光杉色
23. 一鉴湖城
24. 湖城盛景

图8-3-19　牛岗山"弃土堆山"景点
（图片来源：王文奎 摄）

区滞洪防涝的关键性湖体，犹如古时的西湖和东湖对于福州古城一样，再现城湖一体的关系
（图8-3-20）。

　　对于城市湖体来说，无论是杭州的西湖、北京的颐和园，还是福州的西湖，都是城市重
要的自然和人文景观极盛之地，是历代传统园林和风景营造的胜地。在宽阔的湖面，以岛
屿、长堤等分隔，如杭州西湖的苏堤、白堤、三潭印月等，形成大小不一的水面空间，丰富

了游览线路，营造了自然多变的景观，历代还常在湖中营造"蓬莱三岛"寓意人间仙境，福州的西湖也是如此。因此晋安湖也是通过"榕心映月"和"榕荫花堤"堤岛结合的模式（图8-3-21、图8-3-22），不仅传承了传统园林丰富的水面空间营造艺术，更是融合了当代水利调蓄的功能和智慧调控的方法，使得湖体的调蓄能力较传统的湖体提升两倍以上，成为传统造园艺术与当代科技结合的示范！

图8-3-20　晋安湖北望牛岗山城市山水轴线
（图片来源：王煜阳 摄）

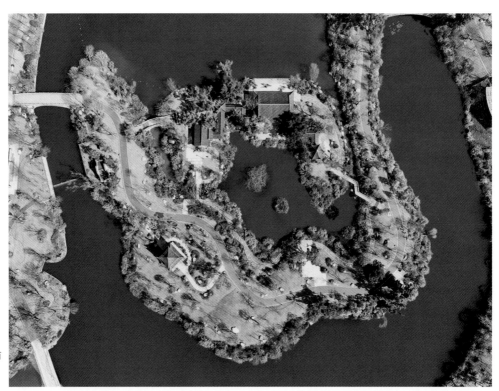

图8-3-21 榕心映月"湖中有岛、岛中有湖"
（图片来源：王文奎 摄）

图8-3-22 岛上的博轩雅明东望鼓山
（图片来源：王文奎 摄）

五、园博会福州园

历届园林博览会和园艺博览会的福州园，也是传承体现福州传统园林特色的一个窗口。除了济南园博会、重庆园博会等福州园沿用了福州传统建筑和庭园特征为主题外，福州尝试着用现代园林的方法，来提炼和传承福州园林的特色，其中武汉园博园和成都世园会的福州园是探索的代表。

1. 武汉园博会福州园

武汉园博会（第十届中国国际园林博览会）福州园建于2015年9月至2016年4月，占地约2000平方米。福州园在设计上与总体园区的规划和理念相契合，把握和顺应"生态园博，绿色生活"的主题，是一个用"现代设计语言"提炼和阐述福州园林的探索。整个展园以绿色"福印"为主题，通过"茶田、雨水、白墙、花木"福州地域元素的组合来展现福州浓厚的山水城市特色。[①]

总体布局分为四部分，分别为茶田印象、绿色印章、福池花园、景观廊桥（图8-3-23）。茶田印象以福州乡土特色的茶田来映射福州城市肌理特点，覆盖大部分园区，象征要把福州这枚"绿色印章"印在中国各地之决心；绿色印章以印章围廊形建筑为主体，建筑竖向上紫藤、油麻藤如绿毯包裹整个建筑，绿意盎然，使生态可持续的理念深入人心；福池花园是一个带"福"字水池的雨水花园中庭，犹如福州传统园林之庭园，功能上注重对雨水收集并循环利用，形式上与福州古典园林内"福"字寓意相当，意为福州园乃福地；景观廊桥位于福州园入口处，景墙应用了福州特色的封火墙形式，并与主入口结合形成"墙""巷"，展示了三坊七巷精粹，重点体现福州古建筑元素风

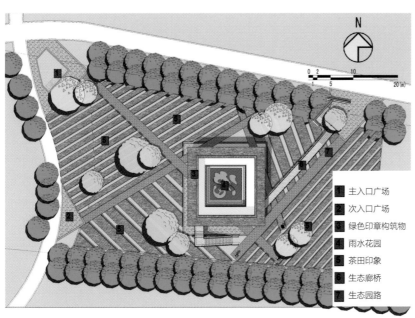

图8-3-23　福州园总平面图
（图片来源：张娓 绘）

图例：
1 主入口广场
2 次入口广场
3 绿色印章构筑物
4 雨水花园
5 茶田印象
6 生态廊桥
7 生态园路

N

0 2 10
1 5 20（m）

① 张娓. 武汉园博会——福州园景观设计［J］. 绿色科技，2015，（10）：99-100.

图8-3-24　福州园的茶田和福印围廊
（图片来源：杨葳 摄）

采。同时通过白墙、灰顶，体现了福州传统园林造园和建筑艺术（图8-3-24）。

该园虽为当代园林的设计语言和材料，但是外借山水、融于茶园，内庭小中见大，立体式游线布置，强调人与自然的高度融合，将福州元素抽象写意的方式融入展园，也响应当代城市建设新理念。本项目获得了第十届国际园林博览会创新类金奖，这是福州市首次在国内大型园林博览会上获得室外展园综合金奖，在仅有的五个室外展园创新金奖中占有一席，并获得展园设计优秀奖及建筑小品优秀奖。

2. 成都世园会福州园

2024年成都世界园艺博览会福州园建于2023年9月至2024年4月，占地面积约1500平方米，整体地势呈现东侧高、西北低。以"山水福地，有福之舟"为展园主题，整体方案传承发扬福州传统园林手法，利用场地高差形成梯田景观，巧拟福州盆地自然景观，远借博览会的山水形胜，近筑方寸山水中的闽都神采。

展园以"福舟"为引，以绵延旖旎的"闽江水"为主线，铺开"三山形胜""坊巷春秋""船政风云""榕荫如盖""茉莉茶香"的印象画卷，用当代丰富的园艺植物和园林装饰构件，小中见大，以"方寸山水"展现海滨城市、山水城市的风光特色和人文底蕴。以市花茉莉花为主元素，突出福州"茉莉花与茶文化系统"全球重要农业文化遗产的重要地位，让世界非遗福州茉莉花茶窨制工艺沿着海上丝绸之路再次起航，芬芳万里。植物搭配上精选市树榕树等本土植物和水生园艺花卉的展示，运用声光技术和图像互动装置，带领游客走进福州这座全球可持续发展城市，领略"千园之城"的自然生态大观。

图8-3-25　成都世园会福州园平面图
（图片来源：庄益 绘）

展园整体分为六大景观节点（图8-3-25），分别为五福临门（五福石）、远客香舟（福州茉莉花文化及船政文化）、万壑茶青（茶文化）、榕荫茉韵（市花市树）、坊巷福道（福州的名片三坊七巷）、有福之舟（船政文化与闽都文化）。福州园通过展示优秀的园艺和造园理念，来展现福州的历史文化特色和福州人民的绿色幸福生活，通过"茉莉花茶"联系福州海丝文化与地域特色，宣传福州在生态文明建设及花卉产业发展方面的最新成就，向成都和世界展现"山水福地、有福之州"的美好公园城市形象（图8-3-26）。

图8-3-26　成都世园会福州园实景图
（图片来源：林大地、庄益 摄）

六、街巷公共空间中的传统园林

福州自西汉建冶城始，有着2200多年的建城史，伴随着城市的变迁逐步扩大，形成了丰富的街巷空间，至今保留较为集中的有三坊七巷、朱紫坊、上下杭、烟台山、中山路片区，以及南公园打铁港片区等。除此之外古城核心区内，散落着的小街小巷，虽不在集中的历史文化街区中，但至今仍是市民生活居住的主要通行空间。以1937年的福州地图为依据，至少可以梳理出200多条现存的传统老街巷，继续在发挥着它的作用，成为历史文化名城的重要组成部分。

街巷空间中的传统园林意境营造不是照搬古典园林做法，需恰到好处，是在满足街巷公共空间功能的基础上，巧妙采用传统园林的景观要素，植入街巷的生活之中，营造传统开放空间的氛围，重拾古城的记忆。或点缀片块奇石，或构筑一二亭台，适当配置竹兰花木，再加上二三题名匾额于其中。[①]在这些老街巷中，尤其是街边的一二空地，以粉墙为背景，倚墙堆叠山石，巧植花木，特别是与古井、古树相结合，并融合社区文化，形成公共空间节点。虽也不失繁琐，但却是打造具有"虾油味"的福州市井生活的重要途径，是保留最为深入百姓人家的"乡愁"记忆的最直接和最便捷的方法。代表性的有：

1. 南后街北广场

南后街北广场也叫双英园，位于三坊七巷北入口，总用地面积约为840平方米。旧址为林觉民冰心故居的一部分，原是七层高的现代商务楼建设用地，与历史文化街区的入口形象不协调。2019年5月，拆除商务楼还绿于民，建设街头游园。

双英园传承福州传统造园的艺术手法，结合南后街口开放游园的功能要求，依托现状围墙设置风雨连廊，借鉴水榭戏台的手法，通过"一墙、一廊、一亭、一池"重拾福州古典园林精髓，营造浓厚古韵的开放式传统园林景观（图8-3-27）。同时以广场和点景大树为主，塑造南后街北口入口景观形象。与三坊七巷的传统街巷风格相统一，打造具有福州传统古厝街区的"客厅"。

2. 南营巷小广场

南营巷位于南街街道军门社区，是福州较早推动城市更新的街道。整个片区是以多层建筑为主的老住宅区，保留了一些3~6米宽的老街巷，以及通过环境整治，清理出来的一些街巷边的小空间。结合巷道建设，对街巷的立面重新组合塑造，融入传统民居建筑的元素，注重历史资源的保存和延续，保持街巷年代多样性，创造连续、多样并具有历史底蕴的建筑界面。特别是在街角街边的小节点，以古井为核心，作为历史信息的锚点，布置

---

① 任晓红. 禅与中国园林［M］. 北京：商务印书馆国际有限公司，1994.

图8-3-27　南后街北入口广场的传统园林空间
（图片来源：王文奎 摄）

转角的山石、树下的石凳、古朴的条石铺地，以及墙上的披檐宣传栏，讲述南营巷的前生今世。如此创建以在地居民日常生活为本的街巷场景，保留老城烟火气息和历史韵味（图8-3-28）。

3. 大根路街口公共空间

大根路位于鼓楼区大根社区，北起东大路，南接津泰路，城守前路与之相交，街道全长约450米。大根社区所在地是当年旗兵驻扎与旗人生活之地，为防止汉人进入，筑起两层楼高的围墙，百姓路过只能贴墙根而走，墙外之路俗称"长墙弄"，也称"大墙根"，大根路因此得名。[①]虽然街巷基本延续了原有方位和走势，但两侧建筑质量参差不齐、新旧混杂、私搭乱建、立面杂乱、停车混乱，街巷特色丧失殆尽。大根路的保护整治力求在保持传统居住街区氛围的前提下展示街巷特色，特别是强化入口节点识别性。南侧津泰路入口节点是街道唯一的开放空间节点，通过拆除旧展栏，改做街头公园。通过巧妙布置传统的风雨凉亭、重现旧砖瓦矮墙、石头门框、浮雕等讲述曾经的风貌特色，也讲述了大墙根的历史脉络（图8-3-29）。

---

① 方娜. 福州传统小街巷的保护与整治——以大根路为例 [J]. 建筑与文化，2018，（2）：147-149.

七、滨水串珠公园中的传统园林

作为典型的山水城市的福州，城市水系非常发达。当代的福州中心城区，两江穿廊，百川入城。不仅有闽江乌龙江流经城区，而且156条内河在城市内编织如网。福州近几年结合水系综合治理和黑臭水体治理，实现了城区水系的"水清、岸绿、景美、文盛"，形成了遍布全市的蓝绿相结合的步行"绿道网"，和山体步道、街巷步道共同组成了福州山水城市特色的步行系统，也被百姓称为福道网。在这些大大小小、宽宽窄窄的丰富的内河两边，"以线为串、以点为珠"，即以连续的带状滨水绿地为串，以局部放大的节点和公园为珠，形成了具有福州地方特色的"串珠公园"体系，并且也延伸到了山边、路边，形成了福州最为重要的关于绿地系统的网络格局。

这些串珠公园，遍布全市，深入到了百姓的家门口。在这样的网络系统中，普遍性地传承传统园林的精华，也是打造具有福州闽都文化特色的重要途径。通过保护保留好古桥、码头、庙宇、古树等，巧妙设置地形得以临水亲水，选用地域特色的花木，布置地方传统风格的亭、廊、轩、榭，恢复传统地名，融入龙舟竞渡等地方传统的活动，实现"望得见山、看得见水，记得住乡愁"！一些历史文化街区中的内河，则是按照街区的整体风貌打造。如安泰河畔既有临河传统的酒肆茶馆，榕荫柳岸，重现两岸笙歌酒香的场景，也建有木构风雨长廊，设有美人靠，沿途多处有精致的传统木雕，既可遮风挡雨，又可欣赏内河景致，丰富了沿线的景观风貌（图8-3-30）。其他如三捷河、打铁港等，也是打造河坊一体的街区内河传统风貌特色（图8-3-31）。特别是福州传统园林中的亭、廊、水榭等元素，因其体量轻

图8-3-28　南营巷的公共空间
（图片来源：王文奎　摄）

图8-3-29　大根路街口公共空间
（图片来源：王文奎　摄）

图8-3-30　安泰河畔的榕树和风雨长廊
（图片来源：王文奎 摄）

图8-3-31　三捷河的传统河坊风貌
（图片来源：王文奎 摄）

图8-3-32　晋安河东门处的亭廊
（图片来源：王文奎 摄）

盈、形式多样、风格相宜，在福州内河沿岸串珠公园中更能因地制宜、形成特色，也满足百姓游憩的需求（图8-3-32）。同时，还植入内河文化中的历史典故，如安泰河的荔枝换绛桃、白马河的白马三郎的故事等。而对于其他的城市内河，则经常在一些重要串珠公园节点处，打造具有福州传统园林风貌的景点，较有典型代表性有：

1. 晋安河畔讲堂胜境和福新问渡

晋安河北起琴亭湖公园，南至光明港，并于魁岐水闸处汇入闽江，沿途流经鼓楼、晋安、台江三个行政区，是福州江北城区最长的内河，也是城市最重要的排洪河道。晋安河有悠久的历史，原为晋严高建"子城"时取土而挖成的一条"城壕"，宋时为了便利于灌溉、排洪和运输，扩展为"运河"。近年来结合水系综合整治，全面提升晋安河两岸的景观绿化，建设慢行步道，提升沿河活力。通过挖掘晋安河的历史文化资源，打造了河口听潮、王庄戏舟、讲堂胜境、爱乡番音、福新问渡、东门乐游、柳岸朝凤、万福金汤八大人文景点，其中讲堂胜境和福新问渡具有典型的传统园林特色。

讲堂胜境节点位于晋安河的中段，整个场地长约65米、宽约40米，是典型的滨水狭长形场地（图8-3-33）。由于周边有宋代朱熹讲学的遗迹及传说，因而结合场地本身的历史底蕴，设置为一处兼有码头功能的传统园林节点。首先在场地亲水性的设计上，结合游船停

图8-3-33　讲堂胜境俯视
（图片来源：何达 摄）

靠的需求和现状场地的尺度，采用多层退台驳岸的方式，形成了一个嵌入式的水上码头。建筑融入传统的仿宋风格，入口为木制牌坊，南侧（靠近讲堂旧址）设置"轩+亭"的建筑组合，北侧设一重檐亭，南北互为对景，从柱础、柱身、斗栱到屋面，均严格遵循传统古建筑样式进行设计与施工。讲堂作为主体建筑，面宽三间，进深四柱，采用台梁式木结构，单檐九脊歇山顶，临水望去庄严稳重，亭为四柱台梁攒尖顶，通过连廊相互连接。由讲堂、重檐亭、牌坊、连廊亭子围合而成，营造一个生动有序、具有宋风古韵的滨河空间（图8-3-34）。

　　福新问渡位于福新路与六一路交叉口处，场地长约80米、宽约40米，也是典型的狭长形滨水绿地，设计为具有传统风貌特色的亲水码头停靠点及配套服务中心。场地也采用了亲水退台式设计，在常水位上0.5米处设置亲水平台，逐步层级退台降低高差，保证亲水体验。同时外侧设置景石，配置水生植物，丰富岸线。配套服务中心面积约350平方米，采用福州传统民居风格，由两座主体建筑构成，中间以连廊相连，形成庭院。南侧服务用房面宽三间，进深三柱，采用穿斗式木结构，双坡硬山顶；北侧主体建筑面阔三间，进深五柱，同样采用穿斗式木结构和双坡硬山顶，白色马鞍式风火山墙，使该节点别具闽都韵味（图8-3-35）。

　　2. 梅峰河的西堤春晓
　　"西堤春晓"位于西湖公园西北隅，占地约1.7公顷，位于梅峰河下游，是结合梅峰河水

图8-3-34　讲堂胜境码头实景
（图片来源：王文奎 摄）

图8-3-35　福新问渡实景
（图片来源：王文奎 摄）

系综合整治和西湖—左海西岸景观提升后形成的一处古典小游园。小游园修建在湖（西湖）与河（梅峰河）相间的堤状绿地上（图8-3-36），小桥流水、亭台连廊、花红柳绿、莺歌燕舞，景色清秀如画似江南。有目前福州最长的彩绘古典式连廊，通过长廊彩绘历史典故的形式，增加园景的文化内涵，找寻福州西湖历史上作为闽王御花园的历史意境。除了这形象突出的长廊和彩绘，该节点充分传承了福州以水为特色的公共园林的营造方式。远处巧借大山大水，园路走向和亭廊的布置充分对应屏山和城外的北峰莲花山等诸峰，以及左海的岛、桥乃至于摩天轮等焦点。近处营造空间丰富变化，长廊时而临近湖畔水岸，时而转向花间林下，行走廊中，或见小桥流水、曲径通幽，或见湖光山色、广阔舒朗，或凭栏观鱼、悠闲自在，或林下漫步，观石赏花，移步换景、动静相宜、变幻无穷。

从西二环北路的左海公园西门进入，沿着新铺设的石板路向前，可进入一处古香古色的景石庭院，景石庭院的背景是匾额上写着"西堤春晓"的月洞门（图8-3-37）。"西堤春晓"以连廊贯穿全园，游廊依水而建，长约200米，五座亭子巧妙连接，依次取名鉴水阁、景阳轩、海天阁、澄澜轩、回望亭。蜿蜒曲折，玲珑通透，绿意围绕，春韵缥缈，如诗如画（图8-3-38、图8-3-39）。

图8-3-36　西堤春晓节点总平面图
（图片来源：程兴 绘）

图8-3-37　西堤春晓入口
（图片来源：王文奎 摄）

图8-3-38　亭廊一体的滨水长廊
（图片来源：王文奎 摄）

图8-3-39　海天阁对望左海和远山
（图片来源：王文奎 摄）

廊亭内拥有1800多幅彩绘，以及六个牌匾和六对楹联。楹联匾额点题立意，雕梁画栋精美生动。彩绘以福州本地文化为主，结合宫式的浓妆和江南水乡的素雅，展现福州民间传说、历史典故及福州物产，将2000余年的闽都史汇集于长廊：鉴水阁枋心有欧冶子铸剑、王审知拜剑、田螺姑娘、福州双塔等彩画；景阳轩枋心有苔泉、朱子讲学、迴龙桥、万寿桥、程师孟等彩画；海天阁枋心有戚继光抗倭、郑和下西洋、金山寺、镇海楼、闽中十才子等彩画。海天阁还题写了一块"合璧大观"匾额，寓意是西湖左海连通，双湖合璧；登澜轩枋心有上下杭、金刚腿、茶巷等彩画；回望亭枋心有赛龙舟、林则徐虎门销烟、马尾船政、马江海战等彩画；长廊枋心画作以山水、花鸟、动物以及福州特产为主。

3. 流花溪边的香积烟雨

流花溪为南台岛的一条内河，总长约6千米，原先为乌龙江畔，后由于岸线外退，外侧修建三环和防洪大堤，以及用地开发建设，这一带逐渐成了内河。如今水波潋滟的流花溪畔，立着一棵虬枝凌空的千年古榕，名为"甲天下榕"，拱如明月，根似盘云，古榕旁一座古寺——香积寺，斑驳红墙，雄踞河岸，能透过林立的高楼间隙，遥望不远处滔滔乌龙江水奔腾。古寺大门两侧的门联，写着"浏览千江有水千江月，仰观万里无云万里天"，此联取自千古名句"千江有水千江月，万里无云万里天"，回荡着千百年来香积寺一览江山（乌龙江和旗山）的豪迈。这就是流花溪的香积烟雨节点，该节点由三个重要构成要素：香积桥（新建）、"甲天下榕"（现状）、香积寺（现状），这也是福州传统寺观园林远借山水，寄情江山、营造独特风景的典型写照（图8-3-40）。

该节点的保护和重建是在流花溪黑臭水体治理和生态水系建设的基础上进行的。快速城市化遗留的基础设施欠账，让流花溪一度变为黑臭水系，垃圾遍地。通过疏浚河道、沿河截污、生态补水、滨水绿带建设等综合施策，流花溪逐渐恢复水环境。在整治基础上，同步开展"香积烟云"的节点恢复和提升，成为流花溪上最具传统风貌特色和文化记忆的节点。具体方法上，首先通过新建香积桥，把河道两侧的交通流线进行有效梳理，形成观赏古榕、古寺的绝佳观赏平台；其次，对古榕树周边，尤其是甲天下榕进行绿化梳理，仅保留榕树本身，其余均进行清理，确保干净的入水界面；最后遵循生态水岸的做法，全面实施自然缓坡入水，以自然植被稳固岸坡，并在香积寺外侧进行台阶式处理，增设亲水平台，使水岸的香积寺更加雄伟。通过桥、树、寺的有机组合，重寻流花溪畔的"香积烟雨"的意境（图8-3-41）。

图8-3-40 夕照下的香
积烟雨
（图片来源：陈白 摄）

图8-3-41 香积烟云
（图片来源：陈白 摄）

八、鼓岭旅游度假区

鼓岭是福州近现代中西合璧的避暑度假地风景营造的代表。鼓岭开发建设始于1886年，是国内独特的结合避暑的居住功能，开展的风景营造活动，也是东西方风格的景观营造相互交融的过程。整个区域的文化遗产价值十分丰富，包含近代西方人建造的度假别墅，本地村民自建的具有闽中特色的民居，以及近现代时期本地及外来个人或单位建造的不同风格的公共及私人建筑。另有石墙、壁炉、石刻、栏杆、门牌、古树、柳杉、小桥、台阶、古井等典型室外景观元素，更有如游泳池、网球场等较为大型的公共开放空间。其建造材料都以就地取材为主，主要材料为鼓岭青石材、木材和砖，使整个鼓岭的景观风貌呈现出显著不同于其他以中国传统建筑为特色的地区的乡村风貌。不同风格的建、构筑在差异下实现一定程度的融合，体现出别具风情的多元文化交融和相互影响的历史文化状态。[①]

自1886年外国牧师任尼在鼓岭建造了第一栋度假别墅以来，鼓岭避暑的风尚蔚然成风，此后数年有来自英、美、法、日、德等20多个国家的人士在鼓岭建造别墅，并规模化集中于宜夏村，鼓岭成为全国最早的西方人集中度假区。根据《鼓岭乡志》记载，1935年鼓岭人口达到3000多人，所占良田山林达几十万亩，拥有366栋风格各异的避暑别墅。[②]新中国成立后，宜夏村陆续又建设了度假山庄、居住小区、公园绿地等，人气越来越旺，特别是2012年2月，时任国家副主席习近平访美期间讲述的福州"鼓岭故事"，感动了中美两国人民，也让鼓岭蜚声海内外。

由于鼓岭核心区游览活动历史悠久，随着福州城市的发展和避暑度假文化的日益风行，区内建筑房屋密集，个人民房、集体经营、机关企事业单位经营等业态复杂多样。村庄及周边区域的建设量增长迅速，特别是破坏历史风貌、违章搭盖、拆旧扩建和随意装修的情况较为严重。加上许多老建筑或年久失修，或无人居住，或倒塌腐坏，使鼓岭原先浓郁的历史人文气息逐渐消亡，风貌管控与建设亟待整治和疏导。2012年福州市启动实施了首批历史建筑修复以及与之配套的基础设施工作，开启了鼓岭提升的工作大幕，经过近十年的努力，包括加德纳别墅、万国公益社、宜夏别墅、古堡别墅等在内的许多古厝，以及整个宜夏老街都进行保护修缮并活化利用，成为鼓岭故事的重要载体。

2018年，鼓岭成功获评国家级旅游度假区，成为福建首家国家级旅游度假区。以宜夏村为重点区域的鼓岭核心区，交通条件便利，鼓宦公路自北向南贯彻全区，串联起城东与鼓

---

① 林琢，吉少雯. 福州鼓岭传统村落建筑保护的历史传承与发展——以宜夏村为例[J]. 小城镇建设，2018，36(S1)：45-51.

② 郑昕亮. 基于地域文化背景下的乡村旅游开发——以鼓岭宜夏村为例[J]. 中外建筑，2017，(5)：121-123.

山风景名胜区。区内布局以鼓岭老街为中心展开，景点景区呈带状分布，包括为人熟知的万国公益社、鼓岭邮局、宜夏别墅、李世甲故居、加德纳纪念馆、富家别墅等洋人别墅（图8-3-42）。同时又有柳杉王公园、映月湖公园和网球场等大型绿色开放空间（图8-3-43）。还有古井、古道、古石墙等历史遗迹，加上清风、薄雾、柳杉三大自然特色景观，依山就势、错落有致、情趣盎然，逐渐形成了集自然山林风光、中西避暑度假风尚、传统乡土民俗风情等各种景观旅游资源为一体的旅游度假区。

　　鼓岭的保护与复兴注重整体风貌，着重恢复历史上开阔舒朗、依山就势的避暑特征和景观格局。村庄聚落内部采用规划管控、拆整结合、多做减法、慎做加法的原则，大力度拔除对自然破坏的过度建设。在外围空间上，更是兼顾鼓岭作为城市主要生态背景，重点对山体轮廓线、内外看山主线、村庄聚落、单体体量色彩等进行引导和提升，通过大的山林环境、历史画面感加深人们对鼓岭的向往。同时，以穿越度假区核心村落的192县道为避暑文化体验轴（图8-3-44），以"鼓岭三保埕古街"和"西式别墅体验区"为重点核心，沿山体蜿

图8-3-42　富家别墅及游步道
（图片来源：郑锴 摄）

图8-3-43 鼓岭的宜夏村和修复后的网球场
（图片来源：石磊磊 摄）

图 8-3-44 192县道沿线
（图片来源：王文奎 摄）

蜒曲折，连接北入口和南大门。沿途串联五个特色各异的主要片区组团，完善配置公共服务设施和停车点，四周柳杉为屏，绣球姹紫，远山近林，清风雾谷，融合一体，从而形成"两核、一轴一带、五片区"构成的清晰空间序列和中西合并、传统与摩登相融的丰富体验（图8-3-45）。

中西风格的古厝穿插于风景优美的山林村落之中，是鼓岭鲜明个性的风景特征，更是当地历史文化最重要的实物载体。但是要让古建筑和洋人别墅"活过来"，更要让它们"活下去"。因此，核心区提升尤为关注历史故事的演绎、民俗活动的传承。如倪柝声故居作为宣传鼓岭故事起源的加德纳纪念馆使用，富家别墅由福州荣誉市民、加德纳家族后人艾伦老师入住，成为中西友好纽带的重要载体，宦溪办事处则致力打造鼓岭文创馆。通过产业和文化的植入和串联，古建筑的保护修缮从"点"拓展成了"面"，形成了福州唯一的百年洋人山居生活馆。柱里景区，则将鼓岭的百年露营文化进一步往更新更潮的方向推进（图8-3-46）。在百年网球场的复原设计上，不仅与周边的崎头岭古建筑组团修复联动，亦举办草坪婚礼、天幕露营、婚纱秀场等业态经营，给古厝的活化利用和风景的价值挖掘带来了新的探索和思路。

图8-3-45　宜夏村一隅
（图片来源：王文奎 摄）

图8-3-46 柱里景区恢复的百年前鼓岭的露营文化
（图片来源：郑锴 摄）

鼓岭度假区海拔较高，植物和林相季相变化显著。长田溪景区利用15亩山谷梯田，种植了11万株绣球花，成为福州地区最大的绣球花海；柱里湖区遍植野山鹃和流苏，环湖簇拥，有如仙境。每到春夏，姹紫嫣红与柳杉青碧一道，描摹了鼓岭独有的植物文化景观。

鼓岭的故事一直在延续，并正在逐步成为福州独特的中西文化共融共生的特色名片，也是特殊时期、特定条件下福州风景园林发展不可磨灭的浓墨一笔。

参考文献

[1] 梁克家. 淳熙三山志 [M]. 福州：海风出版社，2000.

[2] 王世懋. 闽部疏（全）[M]. 台北：成文出版社有限公司，1975.

[3] 何乔远. 闽书 [M]. 福州：福建省人民出版社，1994.

[4] 陈寿祺. 福建通志 [M]. 台北：华文书局股份有限公司，1968.

[5] 林枫. 榕城考古略 [M]. 福州：福州市文物管理委员会，1980.

[6] 郭柏苍，刘永松. 乌石山志 [M]. 福州：海风出版社，2001.

[7] 郭白阳. 竹间续话 [M]. 福州：海风出版社，2001.

[8] 仓山区地方志编纂委员会. 仓山区志 [M]. 福州：福建教育出版社，1994.

[9] 曹春平. 闽台私家园林 [M]. 北京：清华大学出版社，2013.

[10] 陈从周. 陈从周说园–插图珍藏版 [M]. 武汉：长江文艺出版社，2020.

[11] 陈植注释，计成著. 园冶注释 [M]. 北京：中国建筑工业出版社，1981.

[12] 福建省文史馆. 欧潭生考古丛谈 [M]. 福州：海风出版社，2008.

[13] 福州港史志编辑委员会. 福州港志 [M]. 北京：华艺出版社，1993.

[14] 福州市地方志编纂委员会. 福州市志（第二册）[M]. 北京：方志出版社，1998.

[15] 福州市园林绿化志编纂委员会. 福州市园林绿化志 [M]. 福州：海潮摄影艺术
     出版社，2000.

[16] 福州掌故编写组. 福州掌故 [M]. 福州：福建人民出版社，1998.

[17] 福州市政协文化文史和学习委员会. 福州西湖史话 [M]. 福州：海峡文艺出版
     社，2019.

[18] 黄展岳. 冶城历史与福州城市考古论文选 [M]. 福州：海风出版社，1999.

[19] 廖大珂. 福建海外交通史 [M]. 福州：福建人民出版社，2002.

[20] 林家溱. 福州坊巷志 [M]. 福州：福建美术出版社，2013.

[21] 刘敦桢. 苏州古典园林 [M]. 北京：中国建筑工业出版社，1979.

[22] 刘建萍. 诗人何振岱评传 [M]. 北京：人民出版社，2014.

[23] 卢美松. 福州双杭志 [M]. 北京：方志出版社，2006.

[24] 卢美松. 福州名园史影 [M]. 福州：福建美术出版社，2007.

[25] 孟兆祯. 园衍 [M]. 北京：中国建筑工业出版社，2015.

[26] 潘谷西. 江南理景艺术 [M]. 南京：东南大学出版社，2001.

[27] 彭一刚. 中国古典园林分析 [M]. 北京：中国建筑工业出版社，1986.

[28] 任晓红. 禅与中国园林 [M]. 北京：商务印书馆国际有限公司，1994.

[29] 苏州园林设计院股份有限公司. 苏州园林史 [M]. 北京: 中国建筑工业出版社, 2023.

[30] 汪菊渊. 中国大百科全书——建筑、园林、城市规划 [M]. 北京: 中国大百科全书出版社, 1988.

[31] 谢其铨, 郭斌. 于山志 [M]. 福州: 福建人民出版社, 2018.

[32] 谢其铨. 图说三山 [M]. 福州: 福建人民出版社, 2018.

[33] 严龙华. 在地思考——福州三坊七巷修复与再生 [M]. 南京: 东南大学出版社, 2023.

[34] 岳峰, 兰春寿, 李启辉. 福州烟台山: 文化翡翠 [M]. 福州: 福建人民出版社, 2021.

[35] 张雪葳, 王向荣. 福州山水风景体系研究 [M]. 北京: 中国建筑工业出版社, 2022.

[36] 周维权. 中国古典园林史（第二版）[M]. 北京: 清华大学出版社, 1999.

[37] 曾意丹. 福州古厝（第二版）[M]. 福州: 福建人民出版社, 2019.

[38] 薛爱华. 闽国——10世纪的南方王国 [M]. 上海: 上海文化出版社, 2019.

[39] 翁脉东, 福建协和大学校友会. 福建协和大学史料汇编 [M]. 福州: 福建人民出版社, 2016.

[40] 卜复鸣. 园林假山系列: 假山的选石 [J]. 园林, 2005, 2（2）: 28-29.

[41] 陈钟. 藏闽和合雪域江南——西藏"福建园"的思考 [J]. 中国园林, 2004, （4）: 8-10.

[42] 崔来廷. 明代大闽江口区域海洋发展探析 [J]. 中国社会经济史研究, 2005（1）: 60-66.

[43] 方娜. 福州传统小街巷的保护与整治——以大根路为例 [J]. 建筑与文化, 2018, （2）: 147-149.

[44] 关瑞明, 吴智顺. 福州会馆的类型及其建筑特色研究 [J]. 华中建筑, 2022, 40（6）: 142-147.

[45] 郭巍, 侯晓蕾. 双城、三山和河网——福州山水形势与传统城市结构分析 [J]. 风景园林, 2017, （5）: 94-100.

[46] 何司彦. 海礁石掇山置石造园艺术区域差异性比较研究 [J]. 中国园艺文摘, 2017, 33（3）: 107-111.

[47] 黄荣春. 福州摩崖石刻述略 [J]. 福建论坛（文史哲版）, 1996（6）: 41-44.

[48] 黄文燕. 福建教会大学在福建教育近代化中的作用——以华南女子文理学院为例

[J]. 学理论，2009，（29）：163-164.

[49] 雷芳，朱永春. 闽东古典园林发展史略 [J]. 华中建筑，2009，27（7）：152-156.

[50] 李海霞. 福建协和大学魁岐校区校园规划和建筑考（1922—1939）[J]. 建筑史，2011（00）：188-200.

[51] 李莉. 明清福州琉球馆考 [J]. 福建师范大学学报（哲学社会科学版），2002（4）：29-34.

[52] 李小云，彭晋媛. 福州佛教建筑概况 [J]. 华中建筑，2009，27（10）：150-153.

[53] 李奕成，兰思仁，汪耀龙. 论冶城人居环境与水 [J]. 福建论坛（人文社会科学版），2017，（6）：154-161.

[54] 林忠干. 从考古发现看秦汉闽越族文化的历史特点 [J]. 东南文化，1987（2）：33-38；32.

[55] 林琢，吉少雯. 福州鼓岭传统村落建筑保护的历史传承与发展——以宜夏村为例 [J]. 小城镇建设，2018，36（S1）：45-51.

[56] 卢伟. "适应性"中的不适应——墨菲校园规划的"适应性"演变及在闽的地域性抵抗 [J]. 城市规划，2017，41（9）：114-121.

[57] 陆琦. 福州林聪彝宅园 [J]. 广东园林，2012，34（3）：78-80.

[58] 马骥. 城市优秀近代建筑保护初探——以上海市旧有花园洋房保护规划为例 [J]. 华中建筑，2004（3）：103-105.

[59] 欧潭生. 福建福州市新店古城发掘简报 [J]. 考古，2001（3）：15-27；99.

[60] 阮章魁. 士商文化对福州传统建筑的影响 [J]. 炎黄纵横，2014，（5）：44-47.

[61] 沈福煦. 中国古典园林建筑欣赏——榭·台 [J]. 园林，2007（6）：12-13.

[62] 沈伟棠，昌庆元，陈小英. 从出土《球场山亭记》碑论中唐福州城市公共园林 [J]. 中国园林，2021，37（11）：133-138.

[63] 孙智，关瑞明，林少鹏. 福州三坊七巷传统民居建筑封火墙的形式与内涵 [J]. 福建建筑，2011（3）：51-54.

[64] 王长英. 末代帝师陈宝琛藏书楼及其藏书 [J]. 江西图书馆学刊，2006，（2）：124-125.

[65] 王隽彦. 福州明清会馆类型特征及其社会功能研究 [J]. 福建工程学院学报，

2019, 17（5）：448-452.

[66] 王南. 东海三山现闽中——文学、绘画及舆图中所体现的福州古城城市设计意匠[J]. 建筑史，2011（1）：147-160.

[67] 王文奎. 福州城市河流的多样性及其近自然化景观策略[J]. 中国园林，2016，32（10）：54-59.

[68] 王振忠. 清代琉球人眼中福州城市的社会生活——以现存的琉球官话课本为中心[J]. 中华文史论丛，2009（4）：41-111；394.

[69] 王梓，王元林. 占田与浚湖——明清福州西湖的疏浚与地方社会[J]. 福建师范大学学报（哲学社会科学版），2013（4）：104-108.

[70] 吴良镛. 寻找失去的东方城市设计传统——从一幅古地图所展示的中国城市设计艺术谈起[J]. 建筑史论文集，2000，12（1）：1-6；228.

[71] 肖烨宇. 福州宋代古典园林公共活动研究[J]. 南方建筑，2018，（4）：107-110.

[72] 谢承平. 文化基因的遗传与转换——福州近代高校校园建筑比较分析[J]. 华中建筑，2018，36（1）：105-109.

[73] 谢承平，关瑞明. 19世纪福州基督教教堂建筑研究[J]. 福建建筑，2014，（12）：24-27.

[74] 严龙华，罗景烈. 福州镇海楼重建设计[J]. 古建园林技术，2010（1）：71-73；88.

[75] 于莉莉. 徐𤊱的《绿玉斋记》与绿玉斋[J]. 闽江学院学报，2011，32（3）：9-12.

[76] 于硕，李霄鹤，庄晨薇，董建文等. 福州古代寺观园林时空分布初探[J]. 中国城市林业，2014，2（4）：64-67.

[77] 张娓. 武汉园博会——福州园景观设计[J]. 绿色科技，2015，（10）：99-100.

[78] 张勇，林聿亮，陈子文，等. 福州市地铁屏山遗址西汉遗存发掘简报[J]. 福建文博，2015（3）：16-25.

[79] 赵鸣，张洁. 试论我国古代的衙署园林[J]. 中国园林，2003（4）：73-76.

[80] 郑珊珊. 乌山涛园与明清福州世家的文化记忆[J]. 海峡教育研究，2014（4）：13-20.

[81] 郑昕亮. 基于地域文化背景下的乡村旅游开发——以鼓岭宜夏村为例[J]. 中外建筑，2017，（5）：121-123.

[82] 仲伟民，池翔. 王土与边城：五口通商前后福州城在清廷视野中的演变[J]. 福

建师范大学学报（哲学社会科学版），2015（1）：103-109；169-170.

[83] 周向频，吴怡婧. 晚明福州曹学佺石仓园平面复原及特征研究 [J]. 风景园林，2020，27（6）：121-126.

[84] 庄子莹，钱云. 福州古代"山水城市"营造手法研究 [J]. 工业建筑，2018，48（12）：60-63；135.

[85] 陈为. 明清时期福州三山风景体系研究 [D]. 北京：北京林业大学，2020.

[86] 林星. 近代福建城市发展研究（1843-1949年）——以福州、厦门为中心 [D]. 厦门大学，2004.

[87] 林轶南. 近代居住性历史街区环境更新设计研究——以福州仓山公园路街区为例 [D]. 上海：上海大学，2009.

[88] 刘枫. 福州市寺观园林研究 [D]. 福州：福建农林大学，2008.

[89] 阙晨曦. 福州古代私家园林研究 [D]. 福州：福建农林大学，2007.

[90] 王强. 明清福州地区古书院园林研究 [D]. 福州：福建农林大学，2018.

[91] 王增云. 福州寺观园林建筑与植物造景研究 [D]. 福州：福建农林大学，2010.

[92] 魏菲宇. 中国园林置石掇山设计理法论 [D]. 北京：北京林业大学，2009.

[93] 张雪葳. 福州山水风景体系研究 [D]. 北京：北京林业大学，2018.

[94] 郑玮锋. 福州三坊七巷第宅园林研究 [D]. 福州：福州大学，2014.

[95] 李海霞，朱永春. 华南女子文理学院近代建筑遗存考证 [C] //张复合. 中国近代建筑研究与保护（六）. 清华大学出版社，2008：412-419.

[96] 杨济亮. 明清福州会馆概介 [EB/OL]. (2010-05-24). https://www.fzskl. com/html/2010524/201052416355.shtml.

[97] Yale UNIVERSITY LIBRARY Divinity Library. Fukien Christian University（ Fujian xie he da xue）[EB/OL]. https://web.library.yale.edu/divinity/special-Collections/ubchea/fukien-christian-university.

[98] Jeffrey W. Cody. Building in China -Henry K. Murphy's "Adaptive Architecture"（1914-1915）[M]. 香港：香港中文大学出版社，2001.

[99] 福州市规划设计研究院. 福州市区优秀近现代建筑保护规划 [R]. 福州：2008.

[100] 福州市规划设计研究院. 福州历史文化名城保护规划（2012-2020）[R]. 福州：2012.

[101] 上海同济城市规划设计研究院有限公司. 福建协和大学近代历史建筑群保护规划 [R]. 福州：2019.

2021年福州承办了第44届世界遗产大会，向全世界展示了福州历史文化名城、山水城市的魅力。近几年福州连续获得了中国十大美好城市、中国十大活力城市、联合国全球可持续发展城市奖等荣誉，城市魅力和知名度持续提升。三坊七巷等历史文化街区成为福州的城市名片，许多传统园林也得到了保护、修复和活化利用，在彰显福州历史文化名城和山水城市中也起到了重要的作用。

福州市规划设计研究院集团有限公司根据市委市政府的决策部署，以保护和彰显福州历史文化名城和山水城市为工作目标，全面参与了传统园林保护修复和传承创新的工作，取得了丰硕的成果。我们在相关学者的研究成果和文献考据基础上，结合三十多年来的创作实践总结编著此书，期望为今后传统园林的保护和传承提供经验借鉴，也为我国的地方传统园林研究提供一些补充，并借此宣传和推广福州传统园林和闽都文化。本书的具体分工如下：王文奎、肖晓萍负责了本书的总体把控和提纲制定，王文奎负责了全书各个章节的撰写和统稿，撰写了前言、后记。黄晴、各项目设计师、福建农林大学风景园林与艺术学院的阙晨曦老师和研究生许航参与了初稿撰写或提供资料：其中第一章、第二章由黄晴参与初稿撰写；第三章由许航、陈志良参与初稿撰写；第四章由黄晴、肖晓萍、余捷、程兴参与初稿撰写；第五章、第六章由黄晴、许航、杨葳参与初稿撰写；第七章由阙晨曦、郑锴和许航参与初稿撰写；第八章由陈钟、高屹、陈志良、杨葳、何达、郑锴、程兴、陈冰等参与初稿撰写或提供设计资料。福建农林大学风景园林与艺术学院的研究生游嘉铭、王帅参与了部分图片绘制工作。参与书中所列传统园林项目的设计团队主要成员有严龙华、陈钟、陈志良、肖晓萍、程兴、余捷、高屹、马奕芳、罗景烈、林箐、杨葳、陈晨、陈沐歌、郑庆国、杨旭、蔡卫平等。肖晓萍、黄晴、方雄斌负责了文稿的校核，方雄斌参与了本书最后的编排。石磊磊、陈鹤、林淑琴、王煜阳等为本书多处案例提供了照片。

本书的顺利出版，要感谢福州市各级政府和职能部门的指导和信任，感谢各个项目业主单位的大力支持！感谢福州市规划设计研究院集团各个专业所室的共同努力！感谢在书稿撰写过程中，给予大力支持的领导、专家和热心市民！特别感谢在二十多年的保护和实践中，给予学术指导的曾意丹、郑国珍、严龙华、卢美松等专家学者的不吝指正！特别要感谢福建省住建厅陈仲光博士、原福州市园林中心杨晓主任、中国建筑出版传媒有限公司唐旭主任和李东禧编审，没有他们的鼓励和支持，本书很难顺利完成。